KB275634

엄마,
나는 놀면서 자라요

최고의 유아발달전문가 4명이 제안하는
0~36개월 성장놀이

엄마, 나는 놀면서 자라요

데보라 페인, 몰리 헬트, 린 브레넌, 마리앤 바튼 지음 | 박선령 옮김

글담출판

작은 아이디어로
일상의 모든 순간이 놀이가 되고, 자극이 된다

선배 엄마들은 이렇게 말하곤 합니다. 아이들은 저마다 타고난 성향이 달라 양육의 정석은 없다고 말입니다. 사실 이는 아동 발달 전문가들 사이에서 수십 년간 뜨거운 논쟁이 되어 왔던 주제이기도 합니다. 타고난 유전자와 환경 중 무엇이 더 중요한지 말이죠. 물론 부모로부터 물려받은 유전자가 아이의 기질, 지능, 재능에 많은 영향을 미치는 건 사실입니다. 하지만 이것만이 전부였다면, 모든 부모가 이토록 아이 양육에 고민을 거듭하지 않아도 되었겠지요.

갓 태어난 신생아는 어른과 비슷한 개수의 뉴런을 갖고 태어나지만, 무려 83퍼센트에 해당하는 뉴런들이 연결되어 있지 않은 상태입니다. 아이를 둘러싼 환경에 적합한 뇌를 가지기 위해서입니다. 이는 곧 어떠한 자극을 주는 환경에서 성장하느냐가 아이의 뇌를 결정지음을 의미합니다. 부모 역할이 그만큼 중요함을 알 수 있습니다. 부모가 아이에게 어떤 자극을 주느냐에 따라 뇌의 발달 방향, 뇌의 기능이 달라질 수 있는 거죠. 그 결정적 시기가 바로 0~3세라고 학자들은 말합니다.

그러나 이것이 곧 부모가 아이의 능력을 결정한다는 것은 아닙니다. 아이가 가진 선천적 잠재력을 최대한 발휘할 수 있도록 도와줄 수 있음을 의미합니다. 그 방법이란 게 엄청난 비용이 들거나 획기적일 필요는 없습니다. 그저 아이와 함께 행복한 시간을 쌓아 나가면 그것으로 충분합니다.

이 시기 아이는 모든 감각을 통해 배워 나갑니다. 씻고, 먹고, 자고…… 일상의 모든 경험이 아이들에게는 학습이 되고 성장의 기회가 됩니다. 사랑받고 있다는 행복함, 부모와의 친밀한 유대 관계, 매일매일 경험하는 긍정적인 감정의 경험들이 아이의 발달과 성장의 밑거름이 되어 줍니다. 이를 위해 놀이만큼 좋은 성장 자극은 없을 것입니다. 아이가 태어난 후 3년간은 충분히 놀아 주어 아이의 감각 기관을 깨우고, 언어와 사회성 그리고 감정을 발달시키는 걸 목표로 삼아야 합니다.

이렇게 말하면 많은 부모들이 어떻게 놀아 줘야 하는 것일지 묻고 싶을 것입니다. 평소 하던 대로 놀아 줘도 되는 것인지, 아니면 특별한 놀이법이 있는 것인지, 장난감은 무엇이 좋을지, 놀이 시간은 어느 정도 되어야 할지 궁금한 것이 많아집니다. 가장 중요한 한 가지만 이야기 드리자면, 간혹 이런 부모님들이 있습니다. 아이가 노는 모습을 옆에서 그대로 읊어 주는 것만으로 놀아 준다고 착각하는 것입니다. "차가 달리는구나" "차를 일렬로 잘 세웠네"처럼요. 그러나 놀이에서 중요한 것은 상호 작용입니다. 수많은 값비싼 장난감보다 하루 5분일지라도 아이와 즐겁고 신나게 노는 경험이 가장 중요합니다.

이 책은 이를 위한 길잡이가 되어 줍니다. 4명의 발달전문가가 머리를 맞대어 각각의 임상 경험과 연구를 바탕으로 쉽게 따라 할 수 있는 놀이들을 담았습니다. 기저귀를 갈면서, 목욕을 시키면서, 밥을 먹이면서, 장을 보면서 일상생활 속에서 자연스럽게 할 수 있는 놀이라는 점이 돋보입니다. 이 책을 보다 보면 '아, 그렇지. 아이와 놀아 주는 일이 꼭 어디를 가야 하거나, 몸을 써가며 놀아 줘야만 하는 것이 아님'을, 작은 아이디어로 일상의 모든 순간이 놀이가 될 수 있다는 것을 새삼 깨닫게 됩니다.

이 책을 통해 집집마다 "나는 우리 엄마(아빠)가 제일 좋아", "나는 엄마(아빠랑) 노는 게 너무 재미있어!" 하는 아이의 행복한 웃음소리로 가득 채워지길 바랍니다.

천근아 교수(연세대 세브란스 병원 소아정신과 전문의, 『엄마, 나는 똑똑해지고 있어요』 저자)

부모와 아이가 함께 놀이하는 모습을 전문가들이 꼭 관찰하는 이유는 무엇일까?

"까르륵~" 아이의 웃음소리만큼 부모를 행복하게 만드는 게 또 있을까? 함박웃음 한 번 보겠다고 아이 앞에서 온갖 재롱도 마다 않는다. 아이를 보다 행복하게 만들어 주고 싶고, 놓치는 것 하나 없이 해주고 싶다. 이것이 모든 부모의 마음일 것이다.

지금까지 우리 네 명은 현장에서 수많은 부모와 아이들을 만나 왔다. 물론 어떤 특정 문제를 안고 있는 경우도 있지만, 혹시 모를 만일의 일을 미연에 방지하고자 우리를 찾아오는 분들도 많았다. 아이가 잘 크고 있는지, 내가 잘하고 있는지, 무엇을 해줘야 하는지 확인받고 알고 싶기 때문이다. 이때 모든 전문가들이 대체적으로 살피는 것이 있다면, 바로 부모와 아이가 함께 놀이하는 모습이다. 길지 않은 시간 동안 행해지는 놀이임에도 아이가 현재 어떤 상태인지, 평소 부모와 아이가 어떻게 지내는지가 대부분 드러난다. 부모 귀에 딱지가 생기도록 놀이의 중요성을 설파하는 것도 이 때문이다.

이렇게 이야기하면 부모들도 할 말이 많다. 아이와 무엇을 하며 놀아야 할지,

이렇게 놀아 주는 게 맞는 것인지, 장난감은 얼마나 필요한 것인지 아이를 위해 최선을 다하지만 아이와의 놀이는 언제나 어렵다. 그래서인지 '매일 아침 오늘도 아이와 무엇을 하며 하루를 때워야 할지 고민된다는' 하소연을 심심치 않게 듣곤 한다. 놀이와 관련한 사업들이 번창하는 것도 이 때문이다.

전문가는 할 수 없는 커다란 기적들을 부모들이 일으키는 것을 우리는 종종 봐왔다. 그러니 부모는 아이의 인생에서 가장 중요한 존재이고, 아이가 중요한 발달을 이룰 수 있도록 도울 수 있는 힘을 지녔다는 사실을 항상 명심하길 바란다. 그리고 무엇보다 어떤 것이든 아이와의 놀이가 될 수 있으며 아이의 발달을 향상시킬 수 있음을 기억하길 바란다. '진짜 놀이'만 할 수 있다면 말이다.

우리는 이를 돕기 위해 함께 모여 아이와 부모에게 많은 재미를 안겨 줄 뿐만 아니라 일상생활 속에서 활용할 수 있는 놀이들을 모았다. 바쁜 일과 중에서도 시간을 많이 빼앗기지 않을 수 있도록, 거창한 놀이법에 시작도 하기 전에 질려 버리지 않도록 말이다. 아이가 아침에 눈을 뜨는 순간부터 잠자리에 들 때까지 하루 종일 함께 시간을 보내다 보면 언어 능력과 사회성을 향상시키고 감정을 발달시킬 수 있는 기회가 매우 많다. 이 책에는 아이에게 옷을 입히면서 할 수 있는 놀이, 식사 시간이나 집안일을 하는 동안에 하면 좋은 놀이, 아이와 외출하거나 바깥일을 처리하면서 풍부한 발달과 학습 기회를 도모할 수 있는 방법들을 담았다. 또한 0세부터 시작하는 독서법부터 평소 부모들이 궁금해하는 것들을 함께 소개하였다.

가급적 우리는 활동을 손쉽게 배우고 기억해서 하루 종일 활용할 수 있도록 활동 방법을 간단하고 짧고 직설적으로 설명하려고 노력했다.

이 활동들은 수천 시간에 걸쳐 진행된 임상 시험을 통해 검증되었고 또 신뢰할 수 있는 과학 연구를 기반으로 하기에 많은 아이들에게 도움이 될 것이라고 믿는다. 모든 놀이들을 순서대로 할 필요는 없다. 부모와 아이의 마음에 드는, 혹은 가장 쉽게 할 수 있는 것부터 실천하면 된다. 또 아이가 특별히 좋아하고 열심히 참여하는 건 계속 반복해서 하면 된다. 온갖 놀이로 가득한 이 '장난감 상자'를 앞으로 오랫동안 유용하게 쓸 수 있기를 바란다.

1부 우리 아이, 잘 크고 있는 걸까? - 엄마안심 발달진단

"아이의 발달만큼은 유난스러워도 괜찮다!"

4부 3~6개월 아이를 위한 발달놀이

◆ 이 시기 아이들은 무엇을 할 수 있을까? · 86

몸을 자유롭게 움직일 수 있다 ㅣ 세상과 친밀해지다 ㅣ 노는 법을 배우다
아이에게 맞는 적절한 자극을 찾아야 한다 ㅣ 좋은 수면 습관을 길러야 한다 ㅣ 이것만은 반드시!

7부 1~3세 아이를 위한 발달놀이

엄마는 안심, 아이는 즐거운! 1~3세 발달놀이

우리 아이,
잘 크고 있는 걸까?

엄마안심 발달진단

초보 엄마들이 불안한 건 당연하다. 한 번도 경험해 보지 않은 일들을 겪으며 엄마로서 잘하고 있는 것인지, 우리 아이가 괜찮은 것인지, 왜 확인받고 싶지 않겠는가. 아이의 발달만큼은 유난스러워도 괜찮다.

"아이의 발달만큼은
유난스러워도 괜찮다!"

첫아이를 품에 안은 엄마들은 아이의 성장에 경이로움을 느끼는 한편 불안함을 동시에 느낀다. 내 아이가 잘 크고 있는 것일까? 내가 무언가 놓치고 있는 건 아닐까? 다른 아이보다 발달이 느려도 걱정, 빨라도 걱정이다. 초보 엄마들이 불안한 건 당연하다. 한 번도 경험해 보지 않은 일들을 겪으며 엄마로서 잘하고 있는 것인지, 우리 아이가 괜찮은 것인지 왜 확인받고 싶지 않겠는가. 물론 너무 염려하는 것은 좋지 않다. 하지만 아이의 발달만큼은 마음껏 걱정하길 바란다. 오래 망설이거나 무작정 기다려서는 안 된다. 아이의 발달 상황이나 행동 가운데 걱정스러운 부분이 있다면 아이를 담당하는 소아과 의사를 만나 우려되는 점들을 적극적으로 상의해야 한다. 혹시라도 아이의 발달 과정에 정말 문제가 있는 경우에는 조기 발견의 여하에 따라 결과가 판이하게 달라질 수 있다. 그러나 매번 병원을 찾기란 사실 쉽지 않다. 그럴 때 가정에서 쉽게 할 수 있는 발달 검사들이 있다. 이 책에는 가장 기본적이고 일반적인 시기별 발달 사항들을 담았다. 하지만 일반적인 발달 과정을 거치는 아이들도 '정확한' 시기에 이런 일들을 모두 할 수 있게 되는 것은 아니다. 아이의 특성에 따라 개개인의 차이가 있을 수 있으며 또 예외적인 상황도 있음을 인지할 필요가 있다.

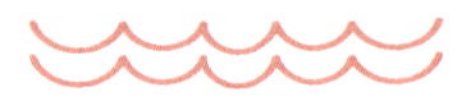

0~1세 아이를 위한
엄마안심 발달진단

3개월 "보고 듣는다"

생후 3개월이 되면 다음과 같은 일들을 할 수 있다.

- 옹알이를 하고 다양한 모음(母音) 소리를 내기도 한다.
- 물체에 시선을 고정시키고 물체가 움직이면 눈으로 그 움직임을 따라간다.
- 엎드린 자세에서 머리를 들어 올린다.
- 미소로 기쁜 감정을 표현한다.
- 울다가도 사람들이 돌봐 주면 대개 울음을 그치고 진정한다.

6개월 "사람에 대한 관심이 높아지고, 자주 접할수록 뇌가 발달한다"

생후 6개월이 되면 다음과 같은 일들을 할 수 있다.

- 전보다 다양한 표정을 짓고 웃음소리를 비롯해 다양한 소리를 낸다.
- 소리가 나는 방향을 인지하고 고개를 돌린다.
- 두 팔로 상체를 지지하며 앉는 자세를 잠깐씩 취한다.
- 엎드린 상태에서 배꼽까지 상체를 들어 올린다.
- 부모의 행동 몇 가지를 미리 예상할 수 있다. 예를 들어 아이의 몸 가까이로 손을 가져가면 간지럼을 태우려는 것이고, 음식이 담긴 숟가락을 입에 갖다 대면 이유식을 먹이려고 하는 것이며, 냉장고 쪽으로 가면 먹을 것을 갖다 주려는 것임을 알아차린다.
- 팔을 내뻗어 안아 달라는 신호를 보낸다.
- 부모의 얼굴 동작(혀를 내미는 것 등) 몇 가지를 흉내 내기 시작한다.
- 사람들에 대한 관심이 많아져서 그들의 얼굴을 쳐다보거나 그들이 하는 행동을 주시한다.
- 고형식을 먹기 시작한다.
- 수면 시간을 어느 정도 예측할 수 있게 된다.

9개월 "엄마 아빠의 말을 조금씩 알아듣고, 좋아하는 게 생긴다"

생후 9개월이 되면 다음과 같은 일들을 할 수 있다.

- 아이 스스로 앉거나 길 수 있으며, 손 조작 능력이 발달해 작은 물건도 잘 잡는다.

- 사람의 목소리인지, 사물의 소리인지 구별하여 반응을 보인다.

- 아직 말은 못해도 단어의 의미를 이해할 수 있다.

- 부모가 주목하는 대상을 향해 시선을 돌린다(엄마가 어디를 보고 있나? 엄마가 가리키는 곳이 어디인가?).

- 의미 있는 몸짓 몇 가지('바이바이'나 손뼉 치기 등)와 〈거미가 줄을 타고 올라갑니다〉나 〈우리 모두 다 같이 손뼉을〉 같은 노래에 맞춰서 몇 가지 동작을 할 수 있다.

- 대상 영속성(물건이 자기 눈에 안 보여도 여전히 존재한다는 사실을 알게 됨)을 깨닫기 시작하고 까꿍 놀이에 흥미를 보인다.

- 좋아하는 물건(장난감)이 생긴다. 부모가 들고 있는 물건 중에서 자기가 더 좋아하는 쪽을 향해 손을 뻗는다.

- 부모와 다른 물건(예를 들어 부모가 같이 갖고 놀아 주는 장난감) 사이에서 이쪽저쪽으로 주의를 전환하는 능력이 생긴다.

- 부모에게 자기가 먹던 걸 나눠 주는 등 나눔과 차례 지키기의 개념을 이해하기 시작한다.

- 부모가 어떤 행동을 계속해 주기를 바랄 때 실제로 말을 하는 건 아니지만 소리를 내거나 몸을 움직이는 등 이를 표현할 수 있다.

- 부모가 미소를 지으면 때때로 그에 반응해서 함께 미소를 짓는다.

- 낯선 사람보다 평소 자신을 돌봐 주는 사람에게 애정을 드러내고, 뽀뽀를 하거나 코와 입을 비벼 대는 동작으로 애정을 표현하기 시작한다.

- 불확실한 상황에 처했을 때 부모 얼굴을 쳐다본다(엄마는 이 낯선 사람에게 어떤 감정을 느끼고 있는가?).

12개월이 된 아이는 이런 모습을 보인다!

첫돌을 맞을 즈음 아이는 이만큼이나 자란다.

- 혼자 걷는다. 걷지 못할 경우에는 소파를 잡고 서서 걸을 수 있다.

- 자기 가족 구성원이 누구인지 안다.

- 자기가 잘 아는 사람과 낯선 사람에게 각기 다른 반응을 보인다.

- 친숙한 어른이나 형제자매가 안아 주는 걸 좋아한다.

- 다쳤거나 두려움을 느낄 때 친숙한 어른이나 형제자매에게 위로를 받으려고 한다.

- 부모와 잘 떨어지려고 하지 않는다. 낯선 사람과 남겨지면 울면서 소란을 피우고, 부모가 자기 곁을 떠나는 모습을 보면 울음을 터뜨리기도 한다.

- 매일 여러 번 부모의 눈을 똑바로 쳐다본다. 수줍음을 타거나 장난을 칠 때, 부모가 요구하는 일을 하고 싶지 않거나 다른 일에 완전히 몰두해 있을 때는 시선을 피할 수도 있지만 친근한 사람들과 편안하게 소통할 때는 시선을 많이 마주친다.

- 까꿍 놀이처럼 서로 교감하는 놀이를 좋아한다.

- 아주 능숙하지는 않아도 부모가 가리키는 곳을 향해 시선을 주려고 노력한다. 아주 멀리 떨어져 있는 게 아니라면 부모가 가리키는 물건을 바라볼 수 있다. 부모가 바라보는 방향을 같이 쳐다볼 수도 있는데, 부모가 특히 매우 관심 있게 바라볼 경우 이런 모습이 자주 나타난다.

- 어른이 아무것도 쥐지 않은 빈손을 내밀면 자기에게 뭔가를 달라고 하는 것임을 이해한다. 부모가 원하는 대로 물건을 건네주지 않을 수도 있지만 그 행동의 의미는 알고 있다.

- 자기가 원하거나 다른 사람에 보여 주고 싶은 물건을 가리킬 수 있다. 그러나 생후

15개월쯤 지나서야 이 동작이 가능한 경우도 있다.

- 뭔가에 관심이 생기면 그걸 집어서 부모에게 보여 주거나 그 물건을 부모에게 가져와서 자신의 관심사를 공유하려고 한다.
- 자기 주변 환경에 흥미를 갖게 되고 주변에 있는 사람들과 물건에 많은 관심을 보인다.
- 주변 사물뿐만 아니라 사람도 자신에게 매우 중요한 존재임을 인지한다. 타인의 감정을 알아차리기 시작해 부모가 자신의 행동에 만족할 때와 그렇지 않을 때가 언제인지 안다.
- 처음 접하는 소리나 물건, 사람이 두려움의 대상인지 아닌지 확실치 않을 때는 부모의 얼굴을 쳐다본다.
- 부모가 짓는 표정을 흉내 내면서 좋아하고 간단한 동작이나 소리를 따라 하며 대단히 재미있어한다.
- 행복, 두려움, 슬픔 같은 감정을 명확하게 드러내고 가족에게 애정을 느낀다. 포옹, 껴안기, 뽀뽀 등의 행동을 통해 이런 애정을 표현한다.
- 부모가 웃거나 행복한 표정을 지으면 때때로 미소나 웃음으로 화답한다. 어른들이 웃는 걸 좋아하고, 자기가 뭔가를 하는 모습을 보면서 어른들이 웃으면 그 웃는 얼굴을 다시 보려고 그 일을 반복하기도 한다.
- 아이들은 때때로 행복감을 느끼며, 환한 미소를 통해 자기가 지금 얼마나 즐거운지 표현한다.
- 사람들의 말투를 구분해서 알아들을 수 있다. 따라서 목소리만 듣고도 상대방의 기분이 좋은지 화가 났는지를 파악하고, 지금 자기에게 질문을 하는 건지 아니면 놀라움을 표현하는 건지 인지한다.
- 막 첫돌이 된 아이도 단어를 몇 개 정도 말할 수 있다. 또 단어를 말하지 못하더라도

비슷한 소리를 흉내 낸 옹알이를 많이 한다.

- 자기 이름을 알아듣는다. 물론 이름을 부르는 소리에 항상 반응을 보이는 것은 아니다. 뭔가에 몰두해 있을 때는 전혀 반응하지 않기도 하지만, 자기 이름을 알고 있고 부모가 이름을 부르면 돌아본다.

- 말하는 사람에게 주의를 기울이며 간단한 지시를 따를 수 있다. 예를 들어 공을 들고 있는 아이에게 손을 내밀면서 "공 던져 봐"라든가 "엄마한테 줘" 혹은 "안 돼!"라고 말하면 아이는 그게 무슨 말인지 알아듣는다. 또한 지시의 차이를 이해한다. "공 줘"와 "숟가락 줘"의 차이를 안다는 얘기다. 물론 알아듣는다고 해서 항상 그대로 행동하는 건 아니다.

- 어떤 아이들은 15개월이 될 때까지 말을 전혀 하지 못하지만, 대개의 경우 12~18개월 사이에는 말할 수 있는 단어들이 생긴다. 물론 어른의 발음과는 다르게 들릴 수도 있지만, "하부 하부"가 '할아버지'를 가리킨다는 건 충분히 알아들을 수 있다.

아이가 생후 12개월이 지나면 사고력과 주의력이 발달함에 따라 다음과 같은 모습을 보인다.

- 자기 주변 환경에 큰 관심을 보인다. 전화벨처럼 주변에서 나는 소리에 주목한다. 주변 탐색을 위해 기거나 걸어 다니면서 새로운 것들을 보는 걸 좋아한다. 하지만 이따금씩 주위를 살피며 친숙한 어른이 곁을 지키고 있는지 확인한다. 어떤 아이들은 성격이 대담해서 매우 적극적으로 새로운 환경을 탐험하고 싶어 하는 반면, 어떤 아이들은 조심스러운 태도로 친숙한 어른 곁에 머물러 있다가 새로운 장소에 어느 정도 익숙해지면 그때 비로소 신중하게 탐험을 시작한다.

- 이 시기 아이들은 어떤 대상이 자기 눈에 보이지 않아도 그게 여전히 존재한다는 사실을 안다. 예를 들어 의자에 앉아 있다가 뭔가를 바닥에 떨어뜨리면 적어도 몇 초 동안은 떨어뜨린 물건을 찾으려고 애쓴다. 유아용 식탁이나 유모차에서 갖고 놀던 장난감을 실수로 떨어뜨리면 그걸 되찾고 싶어 한다. 또 아이가 가지고 놀던 장난감을 천 아래에 숨기면 아이는 천을 치우고 장난감을 찾아낸다.

- 이 또래의 아이들은 아직 상상력을 발휘하는 놀이(가상 놀이)는 하지 못하지만, 장난감 전화기를 귀에 대고 통화를 하는 척하거나 뭔가를 마시는 것처럼 빈 컵을 입에 갖다 대는 등 가상 놀이의 시초로 여겨질 만한 행동을 시작하기도 한다.

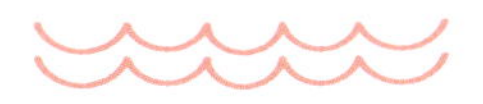

1~2세 아이를 위한
엄마안심 발달진단

18개월 "혼자 걸을 수 있으며 자기주장이 강해진다"

이 무렵의 아이들은 한 살짜리(이 책은 만 나이를 기준으로 한다.) 아이들에게 가능한 손으로 가리키기, 부모의 얼굴과 눈 쳐다보기, 남의 말에 귀 기울이기, 몇 개의 단어 말하기, 다른 사람 흉내 내기 등을 모두 할 줄 알아야 하는 것은 물론이고 그걸 좀 더 자주, 능숙하게 할 수 있어야 한다. 만약 아이가 전에는 할 줄 알았던 것을 어느 순간부터 하지 못하는 모습을 보이면 주의를 기울이고, 전문가를 찾는 것이 좋다.

18개월이 되면 다음과 같은 일들을 할 수 있다.

- 혼자서 걸을 수 있다.

- 손근육이 발달해 물건을 집은 후 다시 통 안에 넣을 수 있다.

- 어떤 대상을 자주 가리키는데, 자신이 원하는 것을 알리거나 자신의 관심사와 즐거

움을 공유하고 싶기 때문이다. 이때 부모가 자기가 가리키는 것을 제대로 보고 있는지 확인하기 위해 부모를 돌아보는 경우가 많다.

- 어른들이 자기에게 관심을 보이거나 자기가 하는 일을 지켜봐 주는 걸 좋아한다.

- 아직 그런 능력을 보인 적 없을지라도 이제 어른들의 감정을 알아차린다. 어른들이 행복해하는 모습을 좋아한다. 주변 어른, 특히 부모와 같은 주양육자가 슬퍼하거나 화를 내거나 두려워하는 모습을 보이면 당황하기도 한다.

- 자기가 뭘 원하는지를 정확하게 안다. 확실한 자기주장을 표현하기 시작하고 아이의 관심사에서 다른 데로 주의를 돌리기가 어려워진다.

- 실제로 도움을 주지는 못해도 어른들이 청소를 하거나 주방에서 음식을 만들 때 옆에서 그 일을 돕고 싶어 한다.

- 다른 아이들에게 관심을 보인다. 아직 다른 아이들과 어울려 노는 법은 잘 몰라도 때때로 다른 아이들 곁에서 놀고 싶어 한다(18개월 무렵의 아이는 대부분 자기 물건을 다른 아이들과 함께 나눠 쓰는 걸 좋아하지 않는다.).

- 손뼉을 치거나 양손을 머리 위에 올리는 등의 간단한 동작이나 북치기처럼 어떤 물건을 이용하는 모습을 보고 흉내 낼 수 있다.

- 언어에 관심이 생긴다. 어른들이 자기에게 말을 걸면 그 말을 다 알아듣는 게 아닐지라도 주목한다.

- 다양한 단어와 문장, 지시를 이해한다. "머리는 어디 있지?"처럼 신체 부위를 가리키는 단어나 '모자' 같은 의류, '엄마'처럼 사람을 지칭하는 단어, '과자'나 '주스' 같은 음식물, 손뼉 치기 같은 간단한 행동, '우스운, 커다란' 등의 간단한 형용사, '이야!'나 '저런!'처럼 감정이 섞인 단어들을 조금씩 이해한다.

- 다른 사람에게 손시늉으로 뽀뽀를 보내거나 손을 흔들어 작별 인사를 하는 등 간단한 몸짓을 할 수 있다.

- 부모가 알아들을 수 있는 단어를 몇 개 말할 수 있다. 이 나이 또래의 아이들은 대개 "과자!"나 "일어나!" 아니면 "다시!" "더!" 같은 단어를 사용해서 자신이 원하는 걸 요구하거나 흥미로운 것을 다른 사람에게 보여 주려고 한다. 예컨대 소방차를 가리키면서 "저거!"라고 하거나 "소방차"라는 말을 하려고 하는 것이다. 아이가 부모를 지칭할 때 쓰는 특정 이름이나 단어가 있을 때는 그 단어를 사용해서 부르기도 한다.
- 두 가지 중 하나를 선택할 수 있는 상황이 주어지면 그게 어떤 상황인지 이해하고, 자기가 원하는 쪽으로 손을 뻗거나 가리킨다.
- 가상 놀이의 개념을 이해하기 시작한다. 빈 컵으로 뭘 마시는 시늉을 하거나 동물 인형에게 밥을 먹이는 척하는 놀이를 즐거워한다.
- 새로운 것을 배우는 데 관심을 보이며, 어떤 일을 할 수 있게 되면 스스로가 너무 자랑스럽게 느껴진다.
- 거울을 보면 거울 안에 비치는 게 자기 모습이라는 걸 인지한다.

2세 "발달이 쑥쑥! 고집도 같이 강해진다"

두 돌이 지나면서 아이가 그동안 보여 준 행동들은 더욱 발전하는 모습을 보인다.

두 돌 무렵이면 다음과 같은 일들을 할 수 있다.

- 계단을 혼자서 오르내리며 제자리 뛰기를 할 수 있다.
- 옷을 스스로 입고 벗거나 자기 손으로 밥을 먹는 등 다양한 능력을 키우는 일에 관

심을 보인다.

- 머리를 빗거나 테이블을 닦는 등 어른이 하는 좀 더 복잡한 일들을 흉내 내려고 한다.

- 인형 돌보기, 전화 놀이, 동물 놀이 등 다양한 가상 놀이를 즐긴다.

- 새로운 것을 배우거나 자신이 익힌 새로운 것을 어른들에게 보여 주는 걸 좋아한다.

- 어른들과 매우 적극적인 태도로 상호 작용을 한다. 얼굴을 쳐다보며 말을 걸거나 어떤 물건을 가리키면서 보여 주기도 하고, 어른들이 뭘 하는지 보고 싶어 하고 관심을 기울이며, 함께 놀고자 한다.

- 또래 아이들에게 관심이 높아지며 아이들의 모습을 보는 걸 좋아한다. 때로는 그들 옆에서 놀기도 하지만 쫓기나 레슬링 같은 신체적인 놀이를 제외하면 아직 함께 노는 능력은 제한적이다.

- 아이들과 함께 놀 때 서로 협력하기보다는 자기중심적인 모습을 보이고, 다른 아이의 장난감을 탐내면서도 자기 장난감은 지키려고 한다. 자기 것을 남들과 나눠 쓰는 걸 힘들어하는데, 특히 자기가 정말 좋아하는 물건일수록 그런 모습이 두드러진다.

- 이제 더 많은 언어를 이해하게 되어, "컵이 어디 있지?" "고양이는 어디 있니?"라고 물으면 실제 대상이나 그 모습이 담긴 그림을 가리킬 수 있다.

- 신체 부위의 이름을 안다. 예를 들어 "귀는 어디 있지? 눈은 어디 있지? 코는 어디 있지? 입은 어디 있지? 배는 어디 있지? 머리는 어디 있지? 머리카락은 어디 있지? 발은 어디 있지?"라고 물으면 정확한 부위를 가리키거나 만질 수 있다.

- 따로 몸짓을 하지 않아도 "열쇠 갖다 줘" "이 그릇을 식탁 위에 올려놔"와 같은 간단한 지시를 따를 수 있다. 이보다 어린 경우에는 손을 뻗어서 열쇠를 가리키는 데 그칠 수도 있지만, 두 살짜리 아이는 그런 동작 없이도 부모의 지시를 이해하고 행

동할 수 있다. 물론 항상 협조적인 태도를 보이는 건 아니다.

- 이 연령대의 아이들은 말을 많이 하기 시작하고, 몇 개의 단어를 연결시켜서 구절이나 문장을 만들 수도 있다. 예를 들어 "주스 더!"나 "큰 모자" "가게 가자" "엄마, 컵" 같은 말을 할 수 있다.

- 자기 소유물(혹은 자기 것이 되기를 바라는 것)에 대해 강렬한 감정을 드러낸다. 매우 단정적인 어조로 "내 꺼!" "내 과자!" "내 인형!" 같은 말을 하는 걸 자주 들을 수 있다. 이 때문에 아이를 다루기 힘들어지기도 하지만 매우 자연스러운 현상이다.

- 자기가 원하는 걸 얻거나 자기 방식대로 뭔가를 하기 위해 매우 단호한 모습을 보인다. 어떤 일을 하고 싶지 않거나 다른 사람이 자기 장난감을 가지고 노는 게 싫으면 이를 즉각적으로 표현한다. "싫어!"라는 말을 매우 자주 듣게 될 것이다.

- 선택이라는 개념을 이해하여 좀 더 일관되고 신속하게 선택을 할 수 있다. 자기가 원하는 걸 가리킬 뿐 아니라 말로도 표현할 수 있다.

- 순서나 체계의 개념을 이해하기 시작한다. 예를 들어 고리 3개를 크기 순서대로 말뚝에 걸거나 공 3개를 가장 작은 것부터 가장 큰 것까지 순서대로 늘어놓을 수 있다.

- 어떤 물건을 몇 분 정도 가지고 놀면 흥미를 잃고 다른 물건으로 관심을 옮긴다. 아직까지 주의력 지속 시간이 매우 짧다.

- 직접 양말을 신고 벗거나 신발을 신는 등 스스로 하는 법을 매우는 데 적극적이다. 하지만 아직 혼자서 이런 일을 해내기에는 힘들기 때문에 심한 좌절감을 느끼거나 짜증을 낼 수도 있다.

- 어른인 척하는 걸 좋아해서 부모의 신발을 신거나 옷을 입고 집 안을 돌아다니기도 한다.

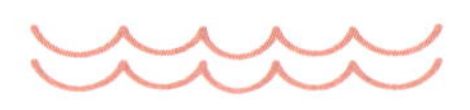

2~3세 아이를 위한
엄마안심 발달진단

세 살이 된 아이들은 사회성이 발달하고 보다 향상된 의사소통 기술과 언어 능력을 갖는다.

세 살짜리 아이들은 다음과 같은 일들을 할 수 있다.

3세 "문장을 이해하고 말할 수 있다"

- 양말이나 단순한 형태의 옷은 혼자서 입거나 벗을 수 있지만 가끔 뒤집어 입기도 한다.
- 종이에 가로나 세로로 일자 긋기를 하거나 동그라미처럼 간단한 모양들을 그릴 수 있다.
- 계단을 혼자 안정적으로 오르내릴 수 있으며 멀리 뛰기가 가능하다.
- 율동을 따라 할 수 있다.

- 어른이 관심을 갖는 것에 관심을 보인다.

- 부모를 기쁘게 해주고 싶어 한다. 자기가 지금 하고 있는 일에 부모가 만족하고 있는지 확인하기 위해 자꾸 부모를 쳐다본다.

- 다른 아이들 곁에서 놀고 싶어 한다. 친구들과 적극적으로 함께 놀거나 얘기를 나누기도 하지만 싸우지 않고 잘 놀 수 있도록 때때로 옆에서 도와줘야 한다. 예를 들어 물어보지 않고 다른 아이의 장난감을 가져가려고 하거나 그 아이를 때릴 수도 있다.

- 다른 사람과 교대로 무언가를 한다는 개념을 이해하기 시작하지만 자기 차례가 올 때까지 기다리는 걸 힘들어할 수도 있다.

- 좀 더 장시간 진행되는 복잡한 가상 놀이가 가능하다. 인형을 이불에 눕힌 후 우유병을 물리고 담요를 덮어 주며 "잘 자!"라는 인사를 하는 등 한 장면 전체를 가상 놀이 할 수 있다.

- 두 가지 사물 사이의 관계를 나타내는 단어를 이해할 수 있게 된다. 예를 들어 "가게에 갈 거야"와 "가게에 다녀왔어"의 차이나 공을 '탁자 위에' 올려놓는 것과 '탁자 아래에' 두는 것의 차이를 안다.

- 표현할 수 있는 것들이 많아지고 3~5개의 단어를 사용한 긴 구절이나 문장을 만들 수도 있다.

- "저건 뭐야?" 같은 질문을 하며, "배고파?" "이름이 뭐야?" 같은 질문에 대답을 할 수 있다.

- 단순히 본인의 욕구를 표현하는 말만이 아니라, "아빠 저기 있다!" "저건 개야!"처럼 자기 주변에 있는 것들에 대해서도 간단한 의견을 말하기 시작한다.

- 물건과 동물, 그리고 행동(자다, 뛰다, 먹다 등)을 나타내는 단어를 몇 개 안다.

- 남자아이와 여자아이를 구분할 수 있고 그 둘을 지칭하는 단어를 안다.

- "나 놀고 있어" "나 노래하고 있어"처럼 진행형 문장을 말할 줄 알며, '엄마의 컵'이나 '사과 두 개'처럼 소유격이나 복수형 단어도 사용할 줄 안다.

- "행복해" "슬퍼" "무서워" "이상해" "화났어" 등 감정을 표현하는 단어를 알고 있다.

- 30개월 무렵부터 세 돌 즈음이 되면 좀 더 긴 구절이나 문장을 말할 수 있게 된다. 또 책에 나오는 사진(그림)을 보면서 주변에서 흔히 볼 수 있는 동물이나 사물과 연결시켜 이름을 댈 수 있다. '나' 혹은 본인의 이름을 사용해서 자신을 지칭할 수 있다. "나 주스 줘!" "나 배고파!" 혹은 "수지, 배고파!"와 같은 식으로 말한다.

- 여러 가지 물건의 용도를 이해하기 시작한다. "포크는 뭐할 때 쓰는 거야?" "포크로 뭘 하지?"라고 물으면 "먹어"나 "밥 먹어"라고 대답하고, "침대에서는 뭐해?"라고 물으면 "잠 자"라고 대답할 것이다.

- 아직 색을 나타내는 단어를 정확하게 발음하지는 못하지만 색깔을 인지하고 가리킨다.

- 고양이와 개가 내는 소리, 소와 말은 농장에 산다는 것, 새는 날아다니고 물고기는 헤엄친다는 것과 같은 동물들에 대한 간단한 지식을 갖는다.

- 서로 어울리는 것들이 있다는 사실을 이해하기 시작한다. 그래서 빨간색 블록과 노란색 블록을 섞어서 주면 색깔별로 나눌 수 있으며, 한쪽에는 동물 장난감을, 한쪽에는 차 장난감을 놓는 등 분류해서 놓을 수 있다.

'발달 장애 위험'이 있다는 건
무슨 뜻일까?

가급적 아이의 발달을 점검할 수 있는 기준들을 제시해 주고자 하였지만, 모든 것을 담을 수는 없었다. 그러니 만약 아이의 발달이 조금이라도 걱정이 된다면 잠시 두고 보기보다 적극적으로 의사와 상담하는 것이 좋다. 아이의 발달만큼은 유난스러운 게 흠이 아니다.

만약 예를 들어 18개월 된 아이가 부모가 하는 말에 별로 관심을 갖지 않는다면, 자기에게 하는 말을 알아듣지 못하거나 스스로 말을 하려 하지 않는다면 언어 발달이 남들보다 몇 개월쯤 뒤처지고 있다는 뜻이다. 생후 12개월 된 아이가 뭔가를 가리키거나 시선을 맞추려고 하지 않는다면 사회성 발달이 늦어지고 있는지도 모른다. 두 살짜리 아이가 사물을 이상한 방식으로 응시하면서 많은 시간을 보내거나 양육자를 무시한다면 이는 충분히 우려할 만한 상황이다.

물론 몇 달 정도 약간씩 발달이 늦어질 수도 있으며 이는 대개 일시적인 현상인 경우가 많다. 이런 아이는 곧 다른 아이들을 따라잡는다. 특히 한정된 부분에서만 발달 지연을 보이는 경우라면 더욱 그렇다. 예컨대 18개월 된 아이가 다른 모든 부분에서는 정상적인데 언어적인 부분에서만 뒤처진다면, 듣고 이해는 하지만 아직 말을 하지는 못한다면, 이처럼 특정 영역에서만 발달이 늦다면 이건 일시적인 문제일 가능성이 높다.

하지만 일시적인 문제로만 여기고 부모가 관심을 놓아서는 안 된다. 자녀의 발달이 늦거나 걱정스러운 행동을 하는 경우, 자폐성 발달 장애(ASD)나 발달성 언어 장애, 전반적 발달 지연(여러 발달 분야에 영향을 미치는 지연) 같은 진단을 받을 수도 있다. 하지만 대부분의 소아과 의사와 전문가들은 이미 발달 지연이 꽤 분명하게 드러난다 하더라도, 아이가 세 살이 되기 전에는 그러한 진단을 내리는 걸 꺼린다. 그런 경우에 우리는 그 아이를 가리켜 자폐증이나 다른 발달 장애를 앓을 '위험이 있다'고 말한다.

그러니 아이의 발달이 일반적인 기준보다 늦다면 아이에게서 시선을 가급적 떼지 말아야 한다. 아이를 지속적으로 관찰하면서 발달을 촉진하고 자극하기 위해 노력을 아끼지 말아야 한다.

- 손위 형제자매 중에 자폐증 같은 발달 장애를 앓는 아이가 있는 경우
- 심한 조산 또는 저체중으로 태어난 경우
- 임신 또는 출산 과정에 문제가 있어서 의사가 아이에게 어떤 위험이 발생할 수도 있다고 말한 경우
- 발달 지연과 관련이 있을 수도 있는 유전적 질환이나 신경학적 질환이 있는 경우
- 자폐증 발생 위험을 높이는 질환(결절성 경화증 같은)이 있는 경우

특히 자녀에게 위와 같은 위험 요소가 있다면, 발달 지연이 드러날 때까지 마냥 두고 볼 게 아니라 생애 초반 몇 년 동안 어떻게든 자극이 풍부한 환경을 제

공해 줘야 한다. 적극적인 조기 치료의 여하에 따라 아이의 이후 성장발달에 엄청난 차이를 야기할 수도 있다. 어떤 이유로 이런 발달 지연이 생겼는지는 중요하지 않다.

다소 무거운 이야기를 이토록 장황하게 한 것은 그만큼 아이의 성장발달에 예민하게 반응할 필요가 있음을 강조하고 싶었기 때문이다. 그리고 이 책이 부모의 우려를 덜어 주면서 아이의 성장발달을 도와줄 수 있으리라 생각한다. 이 책에서 소개하는 놀이들은 모두 오랜 세월 현장에서 일해 온 4명의 발달전문가가 임상 경험을 바탕으로 고안한 것들이다. 아이들의 발달을 촉진하고 부모와 완벽한 애착 관계를 형성하는 방법을 연구한 문헌들을 기초로 한 것은 물론이다. 혹여 발달 지연이 의심되는 아이일지라도 많은 도움을 받을 수 있을 것이다.

아이의 발달에서 가장 중요한 '애착'과 '일상 놀이'

영유아의 뇌는 놀랍도록 빠른 속도로 발달한다. 깨어 있는 모든 시간 새로운 걸 배워 나간다. 그 시간을 최대한 활용해서 아이의 발달을 돕는 게 우리 부모의 목표다. 아이와 함께하는 시간 동안 아이를 잘 관찰해 보자. 일상 속에서 아이를 성장시킬 수 있는 방법은 무궁무진하다.

영유아의 뇌는 놀랍도록 빠른 속도로 발달한다. 여러분의 자녀는 깨어 있는 동안 매시간 새로운 걸 배우고 있다. 그 시간을 최대한 활용해서 아이의 발달을 돕는 게 우리의 목표다. 그러려면 아이가 여러분에게 최대한 집중할 수 있는 상황을 가급적 자주 만들어야 한다. 아이와 함께 시간을 보내면서 아이를 잘 관찰해 보자.

일상 놀이는 아이의 능력을 촉진하고 발달을 야기하는 데 대단히 유용하다. 자연스럽게 시작할 수 있는 데다 아이가 익혔으면 하는 새로운 능력을 일과에 녹일 수 있기 때문이다. 더욱이 실제 상황 속에서 익히게 될 경우 일상에 적용하는 힘이 커진다. 특정 상황이나 장소, 특정 상대에게만 적용할 위험성이 줄어들기 때문이다. 뿐만 아니라 자연스럽게 진행되는 일과를 활용하여 발달 자극의 기회를 늘릴 수 있다.

무엇보다 아이와 함께 즐겁게 웃고 미소 짓는 기회가 늘어난다. 그만큼 아이와 교감하는 시간이 늘어나 아이의 정서를 충족시켜 줄 수 있다. 자연히 아이는 스트레스가 줄어들고 감정 표현이 늘어나며 무엇보다 타인에 대한 애착이 강화된다. 이는 아이의 사회성 발달에 도움을 준다.

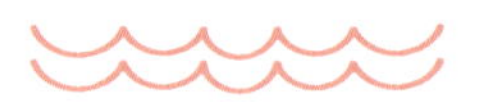

수많은 육아서에서
엄마를 강조하는 이유

흔히 '애착 관계'라고 부르는 주 양육자와의 관계는 아이의 전반적인 발달에 매우 중요하다. 이는 아이의 사회성에 매우 중요한 기여를 한다. 이렇게 이야기하면, 자폐성 발달 장애나 다른 발달 장애를 잃을 위험이 있는 아이들은 양육자에게 애착을 느끼지 못한다고 생각하기 쉽다. 하지만 그 아이들 역시 양육자와 애착 관계를 형성할 수 있다. 다만 이런 아이들은 다른 아이들과 달리 애착을 바탕으로 사회적 상호 작용을 주고받는 것처럼 보이지 않는다.

애착은 모든 연령대의 사람들이 자기 삶에서 특별한 역할을 하는 사람에게 느끼는 강력하고 애정 어린 유대 관계라고 정의할 수 있다. 영국의 심리학자인 존 보울비는 20세기 중반 아이들이 처음 맺는 관계의 중요성을 강조하는 가설을 제시했다. 즉 아이가 엄마(주양육자)와 처음 맺는 관계는 향후 모든 심리적 기능의 바탕이 된다는 것이다. 이런 유대 관계는 대개 생후 몇 개월 안에 형성되기 시작되며 엄마와 아이 사이에서 반복되는 상호 작용을 통해 발전한다. 애착을 형성한 사람과의 관계는 아이에게 기쁨을 선사하며, 슬픈 감정을 치유하기도 한다.

아이들은 대개 생후 6~12개월 사이에 이런 애착 관계를 바탕으로 사회적 상호 작용 능력을 키운다. 아이는 엄마와 매일 얼굴을 마주하며 상호 작용을 주고받는다. 그 대부분은 일과를 진행하는 동안 벌어진다. 예를 들어 식사를 하며 아이는 엄마의 얼굴을 자주 쳐다보게 되고 상대의 얼굴 표정이 의미하는 바를 이해하기 시작한다. 그리고 엄마의 얼굴 표정을 흉내 내며 배워 나간다.

이때 한 가지 중요한 점은 아이가 자신의 세상 경험이 부모의 경험과 다를 수도 있다는 사실을 이해하기 시작한다는 것이다. 엄마는 어린 아이가 알아차리지 못하는 여러 가지 사물을 가리키면서 이런 사실을 가르치려고 할 것이다. 흥분된 목소리로 창밖의 새를 가리키며 아이가 미처 보지 못한 흥미로운 것을 알려 줄 수 있다. 이는 경험을 공유할 수 있음을 아이에게 가르쳐 주는 기회가 된다. 언어를 비롯하여 무언가를 배울 때 이런 관심의 공유 혹은 '공동주의(joint attention)'는 대단히 중요하다. 공동주의는 언어를 사용하지 못하는 영아들에게 가장 중요한 의사소통 수단인 동시에 이후 인지, 사회성, 언어 발달에 핵심 발판이 된다. 예를 들어 엄마가 새를 가리키면서 "봐! 새야!"라고 말할 때 아이도 엄마가 가리키는 걸 볼 수 있다면 '새'가 뭔지 배우기 시작할 수 있다. 또 엄마는 아는 게 많아서 많은 걸 배울 수 있는 사람이라는 생각을 품기 시작할 수도 있다.

시간이 지나면서 아이는 엄마가 쳐다보는 걸 같이 따라 볼 수 있게 될 뿐만 아니라 자신의 경험(주목하는 관심 대상)을 공유하고자 한다. 여러 가지 경험을 공유하며 즐거워하고 엄마의 반응을 기대한다. 처음에는 엄마와 관심 대상을 번갈아가며 바라보는 방식을 이용한다. 그러나 곧 엄마의 주의를 자신의 관심 대상으로 돌리려면 그 대상을 손가락으로 가리키는 게 훨씬 효과적이라는 사실을 깨우친다. 일반적으로 대개 생후 9~12개월경에 사물을 가리키기 시작하지만 때로는 15개월이 지난 뒤에 시작하는 경우도 있다. 아이들이 타인의 관심을 자신의 관심 대상으로 유도하기 위해 가리키기나 응시, 그리고 마침내 언어를 사용하는 것도 또 다른 형태의 공동 주의다. 이는 사회적 상호 작용이 발달하는 과정에서 중요한 성과이며 대개 한 살쯤 되면 눈에 띄게 드러난다. 아이가 뭔가를 들어 올리거나 가리키거나 그 대상과 어른을 번갈아가며 바라보는 등의 방법을 통해서 먼저 공동 주의를 시작할 수도 있고, 아니면 아이가 엄마의 시선이나 가리키는 손끝을 따라 시선을 옮기는 식으로 어른이 주도한 공동 주의에 반응을 보일 수도 있다. 이런 두 가지 형태의 공동 주의는 한 살 무렵부터 발달하는데 둘 다 매우 중요하다.

엄마에게 유대감을 느낀 아이들은 자기에게 특별한 존재인 엄마가 자기가 하는 일에 관심을 가져주기를 바란다. 그리고 여러 가지 물건을 엄마에게 보여주는 걸 재미있어하고 엄마의 반응을 기대한다. 엄마와 아이가 서로 바라보는 걸 시선을 맞춘다고 한다. 영유아의 발달에 있어서 시선 맞추기의 중요성은 아무리 강조해도 부족하다. 시선 맞추기가 정확히 몇 초 동안 지속되어야 한다거나 적정한 빈도수는 얼마라고 정확히 규정하기는 어렵다. 이는 아이가 지금 무슨 활동을 하고 있는지에 따라 다르고, 또 주변에 흥미로운 것들이 얼마나 많은지에 따라서도 달라지기 때문이다. 예를 들어 아이와 함께 마주하고 앉아서 밥을 먹일 때 아이의 관심을 앗아갈 만한 요소가 거의 없다면 음식을 씹거나 삼키는 3~8초 동안 엄마를 바라볼 것이다. 반면 아이가 이미 배고픔을 달랜 상태이고 그 장소에 다른 사람이나 관심거리가 있다면, 아이의 관심은 자연스레 분산되어 시선을 맞추는 빈도와 시간이 줄어들 것이다. 하지만 이는 전혀 문제가 되지 않는다.

아이들은 또 자신의 애착 관계를 이용해서 두려움과 고통, 괴로움 같은 부정적인 감정을 제어한다. 다치거나 두려움을 느낄 때면 엄마를 찾는 것도 이런 이유에서다. 아이가 자랄수록 애착 관계를 이용해서 감정을 조절하는 방식이 갈수록 절묘해진다. 아이들은 불확실한 상황(낯선 사람이 다가오거나 익숙하지 않은 소리를 들었을 때 등)에 처하면 엄마를 쳐다보고, 엄마의 얼굴 표정을 통해 새로운 상황의 안전성을 판단하는 경우가 많다. 또 괴로운 상황에서는 엄마와 관련된 이미지나 대상을 통해서 위로를 구한다. 어린이집에 갈 때 엄마 사진을 들고 가거나 엄마 물건에 집착하는 아이는 엄마에 대한 기억을 이용해서 슬픔이나 불안 등의 감정을 제어하려고 하는 것이다.

애착의 힘이 의미하는 것

애착 관계는 애착 대상이 가까이 있을 때 기쁨을 느끼게 해주고 기분이 울적할 때는 애착 대상의 존재를 통해 편안한 기분을 느낄 수 있게 해준다. 물론 특정 유형의 발달 지연의 경우에는 애착 관계에서도 차이를 나타내기도 한다. 예를 들어 자폐증이나 자폐증과 관련된 다른 장애, 그리고 기타 발달 장애를 앓는 아이들은 대부분 정상적인 발달을 보이는 아이들처럼 양육자와 강한 유대 관계를 형성하지만, 부모가 어디 있는지 찾으면서도 정작 시선을 마주치는 건 피하는 등 애착을 비전형적인 방식으로 드러낼 수 있다는 사실이 연구를 통해 밝혀졌다. 감각이나 자기 통제, 주의력에 문제가 있는 아이들의 경우에도 그럴 수 있다. 때로는 부모나 양육자 곁에 있고 싶어 하는 애착 징후가 정상적인 아동보다 약간 늦게 발달할 수도 있다. 그러나 발달 장애를 앓는 대부분의 아이들 역시 엄마와 매우 특별한 관계를 맺고 있는 게 확실하다. 이 아이들은 엄마와 가까운 곳에 있으려고 하고 곤경에 처했을 때는 적극적으로 양육자를 찾는다.

이처럼 대부분의 아이는 엄마와 같은 자신의 애착 대상을 안전함과 친근함을 느낄 수 있는 장소로 이용하며, 그들을 발판으로 삼아 위험을 무릅쓰고 자신의 세상을 탐색한다. 이 아이들은 또한 자신의 애착 관계를 상처받거나 두려움을 느낄 때 돌아와서 위로를 받을 수 있는 장소로도 이용한다. 자신의 애착 관계를 이용해서 사회적 상호 작용 기술이나 다른 사고 및 언어 기술을 발달시키며 부정적인 감정을 제어해 나간다. 이런 유대 관계의 힘은 엄마가 자녀의 가장 훌륭한 교사가 될 수 있음을 의미한다.

엄마와의 관계가 공고해질수록 아이는 엄마에 대한 관심이 높아진다. 엄마의 칭찬과 애정, 기쁨의 표현이 아이에게 중요해지기 때문이다. 아이의 발달을 이끌어 내는 엄마의 힘이 바로 여기에서 나온다. 이를 통해 아이의 정서적 학습을 돕고 발달을 촉진할 수 있다.

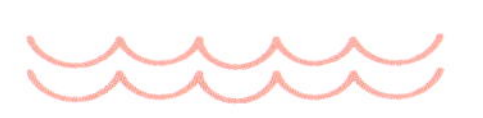

혼자 잘 노는
순한 아이?

아이가 엄마에게 의지하도록 부추기라고 하면 약간 이상하게 들릴 수도 있다. 더욱이 어린 나이부터 독립적인 성향을 보이는 아이(혼자 노는 걸 좋아하고 어른에게 계속 뭔가를 요구하지 않으며 많은 관심을 필요로 하지 않는 아이)가 엄마에게 한결 수월한 것도 사실이다. 하지만 이게 반드시 좋은 것만은 아니다.

아이들은 아래의 것들을 배워야 한다.

사물이 작동하는 방식을 배운다

아이는 뭔가를 손에 잡고 있다가 놓으면 바닥에 떨어진다는 사실을 배워야 한다. 만약 그게 유리로 만들어진 물건이라면 깨질 것이고, 천으로 만든 것이라면 깨지지 않을 것이다. 또한 눈앞에 있던 물건이 담요에 의해 가려져도 여전히 그곳에 존재한다는 사실을 알아야 한다. 대부분의 아이들은 사물과 그것이 작동하는 방식에 주목하고 이런 유의 학습에 별다른 어려움을 겪지 않는다. 물론 개중에는 다른 아이들보다 배우는 속도가 느린 아이들이 있기는 하지만 말이다.

사람들이 일하는 방식을 배운다

아이들은 다른 사람도 자기와 똑같이 감정이 있고, 생각하고 기억하며, 자신의 기분과 바람에 따라 행동한다는 사실을 배워야 한다. 또 다른 사람이 말하는 것을 들으면서 언어를 이해하고 사용하는 법을 배워야만 한다. 그리고 다른 사람의 시각으로 사물을 바라보는 방법을 배울 필요도 있다. 예를 들어 여동생이 배가 고프다고 하는데 엄마가 탁자 위에 과자를 놔뒀다면, 여동생이 그 과자를 집어 먹을 거라는 걸 예측할 수 있어야 한다.

이를 배우기 위해서는 다른 사람에게 관심을 기울여야 한다. 사람들이 어떻게 여러 가지 일을 하고 다른 이들과 관계를 즐기는지 배워야 한다. 이를 위해서는 아이가 부모와 보내는 시간을 즐기고, 부모에게 관심을 기울이고, 부모의 목소리에 귀를 기울이도록 하는 데 집중해야 한다. 즉 아이가 부모에게 관심을 많이 보일수록 좋다. 그러려면 부모가 아이에게 재미와 위안의 원천이 되어 줘야 한다.

이를 바탕으로 아이에게 필요한 것들을 가르칠 수 있는데, 아이에게 압박이 되지 않는 선에서 자연스러운 일상 활동 중에서 이루어져야 한다. 이 나이대의 아이가 배울 수 있는 가장 중요한 능력은 타인과 관계를 맺고 의사소통을 하는 기술이다. 어린 아이에게 있어 이것은 곧 부모가 하는 말이나 그들의 감정에 관심을 보이고, 자신의 감정이나 원하는 걸 부모에게 알리려고 노력하는 것이다.

우리는 종종 옆에 앉아서 아이의 행동을 일일이 읊어 주기만 해도 아이와 잘 놀아 주고 있다고 생각한다. 예를 들어 "지금 바퀴를 돌리고 있구나. 이제 차가 움직이네” 하는 식으로 말이다. 하지만 이런 방법으로는 서로 주고받는 상호 작용을 유도할 수 없다. 아이와 놀아 줄 때는 가능한 한 풍선이나 비눗방울처럼 부모의 도움과 협조가 필요한 놀이를 해야 한다. 손쉽게 아이 혼자 놀도록 부추기는 장난감보다 말이다. 대부분의 디지털 기기는 아이를 사회적으로 고립시키는 장난감 영역에 속한다. 물론 아이패드나 스마트폰을 이용해 많은 걸 배울 수 있는 건 사실이고, 가끔은 식사 준비 시간을 벌어 줄 수 있을지도 모른다. 하지만 아이가 아이패드에만 정신을 팔고 있다면, 이 시기에 가장 중요한 발달과 능력들을 배우거나 향상시키지 못한다는 사실을 꼭 기억했으면 한다.

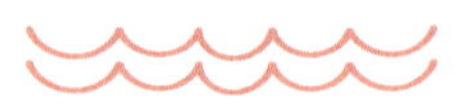

아이의 발달을 자극하는
놀이법

이 시기 아이의 최대 과제는 놀이라고 할 수 있을 정도로 대단히 중요하다. 놀이는 아이의 성장발달에 직접적인 영향을 준다. 아이의 정서를 안정시키고, 언어 능력과 사회성, 기억력을 향상시킨다.

긍정적인 행동을 유도하거나 무언가를 가르치고자 할 때 역시 놀이는 대단히 유효한데, 이때는 현재 수준보다 약간 상위의 발달을 자극하는 데 집중해야 한다. 그렇다고 너무 수준이 높아서는 안 된다. 예를 들어 아이가 단어는 많이 아는데 그것들을 조합해서 말하지 못한다면 "물 주세요" "주스 주세요" "다 먹었어요"처럼 간단한 단어 조합을 가르치는 데 집중해야 한다. 아이에게 단어를 가르칠 때는 아이가 아주 좋아해서 달라고 부탁할 가능성이 높은 물건의 이름부터 시작하는 것이 좋다. 아이에게 더 많은 동기 부여가 되어 보다 쉽게 익히게 되기 때문이다.

부모가 아이에게 말할 때 사용하는 단어에도 똑같은 원칙이 적용된다. 아이가 "주스"라고 말하면 부모는 "주스 더 마실래?"나 "포도 주스?" 혹은 "주황색

오렌지 주스?”라고 말할 수 있다. 아이가 “주스 더 주세요”라고 말하면 “주스를 더 마시고 싶구나. 자, 여기 있다”라고 말하면 된다. 아이가 사용하는 언어보다 약간 더 높은 수준의 언어를 사용하는 것이 관건이다. 그렇다고 아이의 현재 수준보다 몇 달 혹은 몇 년 앞선 것을 가르치려고 하여 아이와 부모가 좌절하는 일이 생겨서는 안 된다.

아이를 가르치거나 함께 놀아 줄 때 다음 사항에 유의하면 놀이 효과를 높일 수 있다.

일상에 재미를 더한다

아이가 어떤 일과에 익숙해지면, 거기에 뭔가 색다르고 예상치 못한 일을 포함시켜 보자. 아이들은 예상치 못했던 일에 더 관심을 보이고 오래 쳐다본다. 예를 들어 젓가락으로 국을 먹이거나 티셔츠를 다리에 입히는 것이다. 아이가 색다른 상황에 관심을 보이면 “어머! 젓가락으로는 국물이 안 떠지는데. 어떻게 먹지?” “아이고 미안, 엄마가 티셔츠를 다리에 입혔네. 다리가 팔이 되었네” 하며 과장하여 이야기한다. 이렇게 하면 아이가 여러분이 하는 일에 관심을 집중하게 되어 쉽게 가르칠 수 있다. 뿐만 아니라 아이의 유머 감각을 발전시키는 데도 도움이 된다.

마지막에 멈추기

이것은 말하는 도중 멈추어 자연스러운 언어 발달을 유도하는 방법이다. 예컨대 아이 옷을 입히며 “양말을 신었다. (양말을 재빨리 벗기면서) 양말을 벗었다!”라는 놀이를 하며 언어 놀이를 할 수 있는데, 이 놀이에 제법 익숙해졌다면 아이에게 말을 이어 보도록 유도한다. 양말을 신기면서 “양말 신었다”라고 한 다음 양말을 벗기면서 "양말……?" 하고 묻는 듯한 어조로 말한다. 아이가 "벗었다!"라고 이어 말하면 열광적으로 칭찬해 주며 다른 놀이 상황에서도 적용해 본다. '들어갔다'와 '나갔다'(예를 들어 스카프를 휴지 속심에 넣었다 뺐다 하면서), '뜬다'와 '가라앉는다'(예를 들어 장난감을 욕조에 띄우는 놀이를 하면서) 등 여러 가지 간단한 개념들을 가르칠 때 이 방법을 활용할 수 있다.

주제별로 즐기는 날을 정한다

아이에게 개념을 가르치는 좋은 방법 중 하나는 매일같이 특별한 주제를 정하는 것이다.

- **모든 색상이 주제가 될 수 있다**

  예를 들어 '빨간색의 날'에는 부모와 아이 모두 온통 빨간색 옷을 입고, 빨간색 간식을 먹고, 빨간색 장난감을 가지고 놀고, 밖에 나가서는 빨간색 물건들만 찾아내는 놀이를 할 수 있다.

- **동물이 주제가 될 수 있다**

  오늘의 주제가 '물고기'라면 수족관이나 애완동물 상점에 가서 물고기를 구경하고, 알루미늄 호일로 물고기를 만들고, 간식으로 물고기 모양 과자를 먹고, 도서관에 가서 물고기와 관련된 책을 읽을 수 있다.

- **좋아하는 음식도 주제가 될 수 있다**

  아이가 달걀을 좋아한다면 달걀을 다양한 방식으로 요리해서 먹거나, 달걀 껍데기에 색을 칠하거나, 곳곳에 플라스틱 달걀을 숨겨 놓고 보물찾기 놀이를 할 수 있다.

· 계절별 주제를 만들 수도 있다

봄에는 꽃의 날, 가을에는 낙엽과 호박의 날, 겨울에는 눈의 날, 이런 식으로 계절에 따라 주제를 정할 수 있다. 봄에는 꽃을 말리고, 산책 길에서 본 꽃을 그리거나 꽃에 관한 책을 읽는다. 겨울에는 눈송이를 관찰하고, 눈사람을 만들거나 관련 동화책을 읽는다.

이렇게 짧은 기간 안에 같은 개념을 여러 번 반복해서 접하게 해주면 아이가 개념을 좀 더 빨리 이해하는 데 도움이 된다.

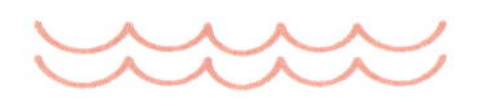

아이에게 무언가를
가르치려고 한다면

가르친다고 하면 학습을 떠올리기 쉽다. 부모는 사물의 이름, 숟가락질 하는 방법, 배변 훈련 등 아이에게 필요한 것들을 매일 가르치고 있다. 그리고 이처럼 무언가를 가르치거나 긍정적인 행동을 자주 할 수 있도록 유도하는 좋은 방법은 보상을 해주는 것이다. 그 핵심은 아이가 그 행동을 함으로써 즐거움을 느끼게 하는 데 있다. 이렇게 말하면 어린아이에게 무슨 보상이냐며 반문하는 마음이 들 수 있다. 하지만 아이들이 경험하고 배우는 모든 것들은 다 처음이며 어렵기 마련이다. 대부분의 부모는 아이가 새로운 기술을 습득하는 모습을 보면 기쁜 마음이 들기 때문에 자연스럽게 함박웃음을 짓거나 칭찬을 해주는 등 노력하지 않아도 보상을 주게 된다. 다만 일부 아이들에게는 그것이 보상이라고 여겨지지 않을 수도 있다. 또 새로운 행동을 유도하거나 기존 행동을 강화하기에는 충분한 보상이 되지 못할 수도 있다. 보상에도 적절한 방법이 있는 것이다.

보상이 잘못된 버릇을 길러 주지는 않을까?

보상에 대해 약간 불편한 감정을 느끼는 부모도 있을지 모르겠다. 아이에게 필요한 것을, 올바른 것을 가르치고 있기 때문에 굳이 보상이 불필요하다고 생각할지도 모른다. 그러나 아이들이 긍정적인 행동을 더 많이 하도록 유도하기 위해 작은 보상을 이용하는 것의 효과를 증명하는 연구 결과가 대단히 많다. 보상은 아이에게만 해당하지 않는다. 어른 역시 자신에게 보상이 주어지는 일을 더 많이, 자주 하게 된다. 우리의 뇌 자체가 그렇게 구성되어 있다.

아이에 좋은 보상이란, 특히 어린아이에게는 간지럼이나 뽀뽀, 칭찬, 간식처럼 기분이 좋아지거나 맛있는 음식들이다.

보상에도 타이밍이 있다

아이가 좋아하는 것이라면 뭐든지 보상이 될 수 있지만, 보상은 그 직전에 했던 행동을 강화한다는 사실을 꼭 알아 둬야 한다. 쉽게 말해 보상은 그 즉시 이뤄줘야 한다.

아이가 어떤 행동을 한 직후에 보상이 주어지고 그 결과 아이가 그런 행동을 자주 하게 된다면, 앞서 한 행동을 향상시키거나 강화시킨 보상을 '강화 요인(reinforcer)'이라고 한다. 어떤 행동을 강화시키면 앞으로 그 행동을 다시 하게 될 가능성이 높아진다. 이때 타이밍이 얼마나 중요한가는 아무리 강조해도 지나침이 없다. 어떤 보상이 강화 요인으로써의 역할을 하려면 강화하고 싶은 행동을 한 직후에 보상을 해줘야 한다.

일례로 아이가 부모에게 자기 과자를 한 입 나눠 줬다고 가정해 보자. "고마워! 과자를 나눠 주다니 정말 착하구나!"라고 막 말하려던 찰나 아이가 남은 과자를 바닥에 던져 버렸다. 이때 칭찬을 해준다면 아이가 바로 직전에 한 행동,

즉 과자를 바닥에 던지는 행동을 강화시킬 위험이 있다.

사실 굳이 보상을 특별히 하지 않더라도, 아이는 자신이 특정 행동을 함으로써 원하는 바를 얻게 되면 자연히 그 행동을 반복하게 된다. 예를 들어 더 이상 밥을 먹기 싫을 때 "시러!"라고 말하거나 어떤 몸짓이나 행동을 취했더니 원하는 대로 되었다면, 거부 의사를 전달할 때마다 이런 유형의 의사소통 방식을 취할 가능성이 높아진다.

아이들의 장난감을 보면 이를 유도하는 것들이 많다. 예를 들어 아이가 동물 퍼즐을 가지고 노는 경우 조각을 올바른 자리에 놓을 때마다 퍼즐에서 아이가 막 내려놓은 조각에 그려진 동물 소리가 흘러나온다. 아이가 그걸 마음에 들어 하고 그 소리를 다시 듣고 싶어 한다면, 결과적으로 퍼즐 맞추는 법을 배우게 될 것이다. 이때 동물 소리는 퍼즐 조각을 제대로 놓았을 때 자동적으로 생기는 일이므로 일종의 자연스럽게 발생한 강화 요인으로 간주할 수 있다.

또 다른 유형의 강화 요인은 의도한 것은 아니지만 상당히 자연스럽게 발생하는 경우가 많다. 일례로 아이가 장난감을 줍거나 치우는 일을 도왔을 때 부모가 이 행동을 열렬히 칭찬하면서 행복해하는 모습을 보인다면, 앞으로 장난감을 치울 때마다 아이가 도와줄 가능성이 높아진다. 이것은 아주 바람직한 일이다.

익숙해지고 쉬워지면 보상은 필요 없어진다

아이의 보상에 반대하는 부모에게도 이유는 있다. 이런 식으로 가르치다 보면 뭔가를 할 때마다 보상을 기대하게 되고, 보상 없이는 아무것도 하려 들지 않을 것이라는 것이다. 그런 우려를 해결하는 방법은 아이가 새로운 기술을 몸에 익혀서 그 일을 점점 쉽게 할 수 있게 되면, 그에 맞춰 보상을 서서히 줄여 가는 것이다. 습득한 기술을 활용해서 이로 인해 자연스럽게 발생하는 보상만으로 충분하거나, 익숙해지고 쉬워져서 노력이 거의 필요 없게 되는 경우도 많다. 예를 들어 보통 배변 훈련을 할 때 칭찬이나 간식 주기, 옆에서 노래 불러 주기 등 다양한 강화 요인을 활용하는 부모가 많다. 하지만 어느 정도 시간이 지나면 그런 것 없이도 아이는 스스로 화장실을 사용하게 된다. 배변 훈련을 할 때 이 방법을 활용하는 이유는 이것이 아이들에게 어려운 일이라는 걸 알고 있기 때문이다. 또 아이가 이를 배우고자 하는 마음이 있는지 없는지 알 수 없기 때문이다.

부모가 아닌 아이가 원하는 것이어야 한다

아이에게 주는 보상은 철저히 아이가 좋아하는 것이어야 한다. 어떤 아이들은 공중에 높이 들어 올리거나, 무릎 위에 앉히고 빠르게 통통 튕겨 주거나, 열광적으로 응원해 주는 걸 좋아할 수 있다. 반면 이런 자극을 무서워하고 부드러운 목소리와 손길을 좋아할 수도 있다.

아이가 좋아하는 음식이나 간식도 훌륭한 보상이 되기도 한다. 그러나 이를 사용할 때는 꼭 기억해야 하는 몇 가지 주의 사항이 있다. 아이에게 필요한 기본적인 영양소 섭취를 방해해서는 절대 안 된다. 과자나 사탕처럼 아이가 매우 좋아하지만 영양 섭취와는 별 상관없는 간식은 아껴 뒀다가 보상으로 사용해야 한다. 이때 역시 많은 양을 줄 필요는 없다. 사탕 한 개, 과자 한 조각만으로도 충분하다.

한 가지 주의해야 할 점은 집의 불을 껐다 켰다 하는 것처럼 아이는 좋아하지만 다른 어른에게는 방해가 되거나 짜증을 유발할 수 있는 보상은 삼가야 한다.

0~3개월
아이를 위한 발달놀이

생후 몇 개월 동안 아이의 뇌 발달을 최적화하기 위해 부모가 할 수 있는 최선은 아이와 친밀한 관계를 형성하는 데 집중하는 것이다. 이를 위해서는 아이에게 사랑받고 있으며 안전하게 보살핌을 받고 있다고 느끼게 해줘야 한다. 놀이를 통해 이러한 만족감을 극대화시킬 수 있다.

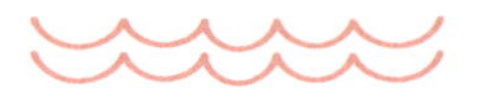

갓난아이가
가장 먼저 배워야 하는 것

갓 태어난 아이는 자신의 행동을 제대로 제어하지는 못하지만, 날마다 주변 세상과 다른 사람들에 대해 중요한 것들을 배워 나간다.

나는 안전하다

생후 첫해 동안 아이와 부모(혹은 다른 양육자) 사이에 일반적으로 형성되는 정서적 유대감은 아이의 뇌 성장을 자극할 뿐만 아니라 성격 발달과 아이가 미래에 맺게 될 모든 관계에 바탕이 된다. 다시 말해 아이는 생후 1년 동안 (무의식적으로) 부모를 통해 사람들은 선하고 자신을 잘 보살펴 주는 믿을 만한 존재이며, 이 세상은 자신의 욕구를 충족할 수 있는 안전한 장소라는 사실을 배우게 된다.

오늘날 신경 과학자들은 애착은 인간의 근본적인 욕구이기 때문에 우리 뇌에는 이것만을 위해 형성된 신경 세포망이 따로 존재할 정도라고 말한다. 게다가 영아기 초반에는 '시상하부-뇌하수체-부신'을 잇는 이른바 HPA 축(스트레스에 대응하는 능력을 조절하고 우리의 감정에 영향을 미치며 면역계 기능에까지 작용하는 부분)이라고 불리는 곳이 형성 중인데, 영아기 때의 경험이 많은 영향을 끼친다. 스트레스가 매우 심한 환경에서 아이가 성장할 경우, 아이의 HPA 축은 아주 사소한 일에도 곧바로 다량의 코르티솔(스트레스 호르몬)을 생산하면서 '투쟁-도주' 반응을 일으키도록 학습된다. 여러 연구 결과, 아이의 요구에 적절히 대응해 주지 않는 행위는 젖먹이 아이들에게 매우 심한 스트레스를 주는 것으로 밝혀지기도 했다. 이는 반대로 안정적인 환경 속에서 지속적으로 아이에게 예측 가능한 반응을 보여 줄 경우에는 건강에 적합한 양의 코르티솔을 생산하고 아이의 감정이 긍정적으로 유지되도록 도울 수 있음을 뜻한다.

생후 몇 개월 동안 아이의 뇌 발달을 최적화하기 위해 부모가 할 수 있는 최선은 아이와 친밀한 관계를 형성하는 데 집중하는 것이다. 이를 위해서는 아이에게 안전하게 보살핌을 받고 있다고 느끼게 해줘야 한다.

나는 사랑받고 있다

영아를 혼자 두는 시간은 가급적 최소화해야 한다. 태어나자마자 병원 인큐베이터에서 지내게 되거나 보육 시설에 맡겨진 영아들을 연구한 결과, 애정 어린 손길을 제대로 받지 못한 아이들은 영양 섭취와는 별개로 잘 자라지 못한다는 사실이 밝혀졌다. 이러한 연구 결과는 영아기 발달에 있어서 사람의 손길이 얼마나 중요한지를 강조한다. 또 다른 예로 미숙아들의 경우 엄마가 한 달 동안 하루에 4번씩 아이 옷을 벗기고 전신을 부드럽게 마사지해 준 후 5분 동안 꼭 안고서 흔들어 주면, 이런 애정 어린 손길을 받지 못한 아이들에 비해 체중이 빨리 증가하고 병에 걸리는 일이 줄어들었다. 또 부모와 강한 애착이 형성되고 인지 및 신경 발달에서도 뛰어나다는 사실이 밝혀졌다.

갓난아이에게 보살핌의 손길이 중요한 또 다른 이유는 아직 혼자 힘으로는 자기 몸을 제어하지 못하기 때문이다. 일례로 부모의 심장 박동은 어린아이의 몸에 신호를 보내어 어느 정도의 속도로 호흡하고 언제 잠들어야 하는지를 알려 준다. 또 부모의 체취는 아이의 몸이 언제, 얼마나 많은 호르몬을 생성해야 하는지 알려 준다. 다시 말해 한창 성장 중인 아이의 신체를 제어하기 위해서는 물리적인 존재가 필요하다는 뜻이다. 그리고 부모에게 정성 어린 보살핌을 받았을 때 심리적으로 안정되며 자기 주변에서 진행되는 일들을 관찰하고 분석할 수 있는 힘이 생긴다.

포옹, 뽀뽀, 어루만지는 손길 등 모든 스킨십이 아이의 촉각을 자극한다. 또한 친숙한 어른의 체취는 후각을 자극하고, 계속해서 변하는 모유의 맛은 미각을 자극시킨다.

부모가 안아 주는 행위도 아이에게 많은 자극을 선사한다. 아기는 부모의 품에서 자기 수용 감각(어떤 공간 내에서 자신의 몸이 차지하는 위치와 자세를 자각함)을 익히게 된다. 부모의 부드러운 목소리와 속삭임, 노래는 아이의 청각을 자극하고, 엄마 품에서 느끼는 부드러운 흔들림과 일정한 진동은 아이의 진정계를 자극해 균형 감각을 키워 주고 이 공간을 안전하게 느끼게 한다. 부모의 품에서 바라본 멋진 광경은 다채로운 시각적 자극을 선사하며 세상의 모습을 알려 준다. 심지어 부모가 안는 자세를 바꿀 때마다 아기는 운동 자극을 받는다.

갓난아이는 자라며 다양한 지각을 통합해 나간다. 다시 말해 지금 들리는 목소리와 느껴지는 몸, 눈에 보이는 얼굴이 모두 한 사람임을 인식하기 시작한다는 뜻이다. 젖먹이들이 이런 정보를 종합하려면 수많은 시각, 촉각, 청각 정보를 동시에 필요로 한다. 무엇보다 중요한 건 아이 몸에서 가장 면적이 넓은 기관인 피부를 통해 자신을 둘러싼 환경이 풍요로움을 느끼는 것이다. 부모의 품에 안겨 있을 때 아이는 이 모든 것을 경험할 기회가 극대화된다. 더군다나 이 시기 아이들은 기분을 조절하는 신경 전달 물질의 기준선이 만들어지고 있기 때문에 최대한 행복하고 긍정적인 감정을 자주 느껴야 한다. 이는 아이의 평생 정신 건강에 영향을 미칠 수 있다.

그리고 이러한 경험들은 모두 뉴런을 자극해서 뇌를 성장시킨다. 아이가 자신의 잠재력을 최대한 발휘하며 성장하기를 바란다면 할 수 있는 한 많이 안아 주고 어루만져 줘야 한다.

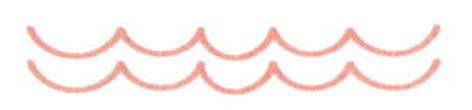

자꾸만 우는 아이,
괜찮은 걸까?

갓난아이들은 누구나 많이 울기 마련이지만, 15~25퍼센트 정도의 아이들은 다른 아이들에 비해 특히 많이 운다. 건강한 아이들이 뚜렷한 이유 없이 (아프지도 않고 배가 고프거나 기저귀가 젖었거나 덥거나 추운 것도 아닌데) 주체할 수 없을 정도로 지나치게 울 경우, 소아과 의사들은 이를 산통이라고 부른다. 소아과 의사들은 일반적으로 산통 여부를 판단하기 위해 '3의 법칙'을 이용한다. 생후 3주경에 울음치레가 시작되고(보통은 저녁 늦은 시간에 산통을 앓지만 시간에 상관없이 아무 때나 일어날 수도 있다.), 일주일에 사흘 이상 하루 3시간 넘게 울음이 이어지며, 이런 증상이 3주 이상 지속될 경우 산통으로 판단하는 것이다.

일반적으로 생후 6~8주 무렵에 가장 심해졌다가 3~4개월쯤 되면 가라앉는다. 산통은 아이가 아프다는 걸 나타내는 징후가 아니다(물론 위산이 역류되거나 식품 알레르기가 있거나 담배 연기에 노출되는 경우에는 증상과 울음이 더 심해질 수 있다.). 또 아이가 복통을 앓는다는 신호도 아니다. 얼굴을 찡그리고, 몸을 뻗대고, 등이 잔뜩 휘어지고, 다리를 버둥대고, 얼굴이 자주색이 될 때까지 자지러지게 우는 모습을 보면 복통을 앓는 것처럼 보이기는 하지만 말이다.

물론 배에 가스가 찰 수 있다. 하지만 오늘날의 소아과 의사들은 아이가 울 때 대량의 공기를 삼킨 탓에 가스가 차는 것이지 애초에 가스 때문에 울기 시작하는 게 아니라고 여긴다.

산통인지 아니면 아이가 정말로 어디가 아픈 것인지 알아내는 방법은 아이의 주의를 딴 데로 돌릴 수 있는지 확인하는 것이다. 실제로 어디 아픈 데가 있을 때는 헤어드라이어를 켜거나 차에 태우고 드라이브를 하러 나가도 통증이 사라지지 않는다. 하지만 만약 아이의 주의를 딴 데로 돌릴 수 있다면 실제로 아픈 게 아니라는 뜻이니, 안심해도 된다.

왜 어떤 아이들은 산통을 앓고 어떤 아이들은 앓지 않는가 하는 의문은 지금도 여전히 풀리지 않은 수수께끼로 남아 있다. 산통을 아이들이 자궁 바깥의 세상에서 접하게 된 다양한 감각과 경험에 적응하는 동안 겪는 자연스러운 발달 단계로 보는 의사들도 있다. 그런가 하면 어떤 의사들은 소화관의 박테리아 불균형 때문이라고 생각한다. 또 뇌에서 분비되는 화학 물질인 멜라토닌과 세로토닌의 불균형 때문에 산통이 생긴다는 이론도 있다. 산통을 앓는 아이들의 경우 세로토닌이 더 많이 분비되어 창자 근육이 수축한다는 것이다(이 이론은 밤에 산통을 겪는 일이 많은 것도 저녁에 세로토닌 수치가 최고조에 이르기 때문이라는 가설을 제기한다.). 이에 따르면 아이들이 스스로 멜라토닌을 생성하기 시작하는 생후 3~4개월이 되면 이런 화학 물질의 불균형이 자연스럽게 해결된다고 한다.

산통의 원인이 무엇인지는 아직 명확하게 밝혀지지 않았지만 부모 때문에 산통이 생기는 건 아니라는 사실만은 분명하다. 물론 산통은 초보 부모에게 괴로움을 안겨 줄 수 있다. 아이의 과도한 울음은 산후 우울증에 영향을 준다. 이럴 때는 주저하지 말고 다른 이들에게 도움을 청해 아이에게서 좀 벗어나 쉴 필요가 있다. 부모의 육체적, 정신적 건강을 지키는 건 매우 중요한 일이다. 산통은 해결하기가 매우 까다로운 문제이기 때문에 다음과 같은 사실들을 스스로에게 상기시키는 것이 큰 도움이 된다.

- 아이가 많이 울기는 하지만 특별히 잘못된 부분은 없을 것이다.
- 일시적인 현상일 게 분명하다.

다행히 산통은 아이가 장차 드러내게 될 기질이나 성격 유형과는 아무런 관련이 없음을 꼭 기억하길 바란다.

소아과 전문의가 권하는 우는 아이를 달래는 법

아이를 달래야 할 때 UCLA(캘리포니아 대학교 로스앤젤레스캠퍼스) 소아과 전문의 하비 카프 박사는 다음의 5가지 방법을 시도해 보라고 권한다. 그 방법은 다음과 같다.

포대기로 감싸기(카시트의 벨트를 단단히 채워도 포대기로 감싸는 것과 같은 효과를 낼 수 있다.), 아이의 귀에 대고 "쉬이이이" 소리 내기(헤어드라이어나 라디오 잡음, 선풍기 같은 다른 '백색 소음'도 효과적이다.), 흔들어 주기(어떤 아이들은 크게 호를 그리면서 흔들어 주는 것을 더 좋아하는 반면 어떤 아이들은 위아래로 흔들어 주는 걸 좋아한다.), 공갈젖꼭지 물리기(빠는 행동은 젖먹이들의 마음을 진정시키고 달래 주는 효과가 있다.), 옆으로나 엎드려 눕히기(아이 머리를 손으로 받치고 팔뚝이나 무릎으로 아이를 감싸서 아이 배에 계속 적절한 압력이 가해지게 한다.)다.

진동이 아이를 달래는 데 효과적이라고 말하는 부모들도 많다. 아이를 차에 태우고 돌아다니거나, 웅웅거리며 돌아가는 세탁기 위에 앉혀 놓거나(물론 잘 받치고 있어야 한다.), 아이 침대에 진동식 장난감을 고정시켜 놓거나, 진동 기능이 있는 아이 의자를 구입한다. 어떤 부모들은 포대기나 앞으로 매는 아기 띠 등을 이용해 아이를 꽉 끌어안고 있는 것도 도움이 된다고 말한다.

물론 이런 방법들이 효과를 볼 수도 있고 보지 못할 수도 있으며, 항상 효과적인 건 아니다. 결국 수많은 시행착오를 거쳐서 본인에게 맞는 방법을 찾아야 한다. 그리고 아이가 정말 아프거나 일반적인 산통이 아닌 다른 문제가 의심이 된다면 병원 가는 걸 지체해서는 안 된다.

부모가 관심을 기울여야 할
SOS 신호

영유아들은 태어날 때부터 다른 어떤 광경이나 소리보다 사람의 얼굴과 목소리에 관심을 보이는 경향이 있다. 특히 아이들에게만 사용하는 말투 즉 평소 어른들이 사용하는 말투보다 단순하고 음률이 있는 높은 목소리를 선호한다. 또 엄마 배 속에서부터 들어온 모국어에 관심을 보이고, 낯선 사람보다 자기 부모의 목소리를 좋아한다. 그리고 어린아이들은 녹음된 목소리(아무리 뛰어난 가수가 부른 노래라고 하더라도)보다 육성(세상에서 가장 노래를 못 부르는 가수라도)을 선호한다.

갓난아이들은 자신과 시선을 맞추며 바라보는 얼굴을 좋아하며, 시력이 제한되어 있음에도 불구하고(갓난아이는 자기에게서 겨우 20센티미터 떨어진 곳까지밖에 보지 못한다.) 비교적 빠른 시간 내 가족들의 얼굴을 알아본다. 심지어 갓 태어난 아이도 자기 부모가 보고 있는 쪽으로 시선을 돌리려고 애쓰며 부모의 얼굴 표정을 흉내 내고자 한다. 그러나 발달 장애를 겪는 어린아이들은 예외적인 모습을 보인다. 따라서 장애의 우려가 있는 경우, 부모는 최대한 일찍부터 아이가 사람의 얼굴과 목소리에 우선적으로 관심을 가질 수 있도록 별도의 연습을 시켜야 한다. 사람들의 많은 관심과 시선은 아이를 자라게 한다. 발달상 문제가 우려되는 아이일수록 사회적 영향에 더 많이 노출시켜야 한다는 뜻이다.

모든 아이들은 발달 속도가 제각기 다르지만 생후 1개월 된 아이가 다음과 같은 모습을 보이면 의사와 상담할 필요가 있다.

- 먹는 속도가 느리거나 잘 삼키지 못한다.
- 가까이에서 움직이는 것에 시선을 집중하거나 바라보지 않는다.
- 밝은 빛이나 큰 소리에 반응을 보이지 않는다.
- 몸이 유난히 뻣뻣하거나 흐느적거리는 듯 보인다.

생후 3개월 된 아이가 다음과 같은 모습을 보이면 상담할 필요가 있다.

- 머리를 잘 가누거나 물건을 움켜잡지 못한다.
- 움직이는 물체에 집중하지 못한다.
- 새로운 얼굴을 무시하고, 웃지 않는다.
- 큰 소리에 반응을 보이지 않는다.

부모가 아이의 사회적, 정서적 발달을 자극할 수 있는 방법은 매우 많다. 앞으로 이 책에서 소개하는 방법들은 그저 예시일 뿐이며, 여기서 소개하는 방법을 모두 시도할 필요는 없다. 이 중에서 아이가 가장 흥미를 보일 법한 것만 골라서 사용하고, 이를 응용하여 새로운 놀이를 고안해도 좋다.

엄마는 안심,
아이는 즐거운!

0~3개월 발달놀이

발가락아, 잘 잤니

신체·정서 발달

태어난 지 얼마 되지 않은 아이는 아직 부모가 하는 말을 알아듣지는 못하지만, 부모의 목소리를 듣는 걸 좋아한다.

❶ "잘 잤니, 발가락아!"라고 말하면서 아이의 발가락에 입을 맞춘다.

❷ 그런 다음, "잘 잤니, 발아! 잘 잤니, 손아! 잘 잤니, 배야!"라고 말하면서 몸의 각 부분에 차례대로 입을 맞춘다.

❸ 놀이에 익숙해지면 아이는 부모의 행동을 예상할 수 있게 되어, 몸의 특정 부분에 다가갈 때부터 미소를 지을 것이다. 그러면 그 부분에 입을 맞추거나 간지럼을 태우거나 껴안아 준다.

속닥속닥 말 걸어 주기

신체·언어·정서 발달

부모와 아이가 마주 바라보는 시간들은 애착 형성에 매우 중요하다. 부모는 아이와 자주 마주하고 아이가 전달하는 신호를 읽는 연습을 해야 한다.

❶ 수유할 때는 미소를 지으며 정답게 어르거나 속삭인다. 아이에게서 눈을 떼지 말고 오랫동안 시선을 맞춘다.

❷ 아이를 안고 말을 걸어 준다. 혼잣말을 하는 게 바보 같다는 생각이 들거나 무슨 말을 해야 할지 모르겠다면 평소 좋아하는 영화나 텔레비전 프로그램, 책의 줄거리를 들려줘도 괜찮다. 물론 아이가 엄마의 말을 이해하는 건 아니지만, 엄마가 내는 다양한 소리와 목소리 톤은 충분히 전달된다.

★놀이 플러스

비록 부모의 말을 모두 알아듣지는 못해도, 뇌에 차곡차곡 쌓여 말을 배우기 시작할 때 표출된다.

손 꾹꾹, 배 푸르르 마사지

신체·정서 발달

아이를 항상 따뜻하게 해주는 한편 기저귀 가는 시간을 이용해 부드럽게 마사지를 해주는 등 평상시 쓰지 않는 근육들을 만져 주고, 피부에 자극을 주자.

❶ 아이의 양쪽 팔과 다리를 부드럽게 꾹꾹 눌러 준다. 그리고 몸 중앙에서 양 옆구리 쪽으로 쓸어내리고, 배 위에서 다양한 모양을 그리듯이 손을 움직인 다음, 관자놀이 부근을 부드럽게 원을 그리면서 마사지한다. 아이 피부에 자극이 없는 오일이나 로션을 약간 바른 뒤에 해도 좋다.

❷ 아이가 접하는 감촉과 감각의 수를 늘려 간다. 부드러운 솔로 머리를 빗겨 주거나, 깃털 혹은 실크 스카프로 간질이거나, 작은 비치볼을 아이 몸 위에서 위아래로 굴려 새로운 종류의 촉각 자극을 줄 수 있다.

❸ 아이 배에 입을 대고 바람을 불거나 푸르르 소리를 내고, (속삭이는 느낌을 경험할 수 있도록) 아기 귀에 비밀 얘기도 속삭여 보자.

★놀이 플러스

뇌와 피부는 연결되어 있기 때문에, 작은 피부 자극도 뇌에 전달되어 발달을 자극한다. 따라서 다양한 놀이로 피부 자극을 주면 좋다.

★주의해야 할 사항

이런 활동을 하는 동안 특정 동작을 유난히 좋아한다면, 아이가 좋아하는 활동은 더 많이 반복한다. 반대로 아이가 이런 감각 자극 중 어떤 것에 불쾌감을 표한다면 좀 더 부드럽게 어루만지거나 완전히 중단해야 한다. 그리고 다음에 이 놀이를 시도할 때는 매우 짧은 시간 동안 아주 부드럽게 만져야 하며, 시간을 두고 천천히 감각 자극의 강도를 높여 가야 한다.

딸랑딸랑 발방울

신체 발달

생후 3개월이 되면 아이는 자신의 손을 발견하고 자신의 손과 발을 가지고 놀기 시작한다.

❶ 양말 한 켤레에 딸랑거리는 작은 방울을 꿰매 붙인다. 아이가 발을 버둥거릴 때마다 방울 소리가 울릴 것이다. 이를 통해 아이는 발을 움직일 때마다 소리가 난다는 사실을 탐색할 수 있다. "딸랑 딸랑, 이게 무슨 소리지?" "어? 우리 아이가 발을 움직일 때마다 소리가 나네?"

❷ 소리가 날 만한 부드러운 비닐을 구긴 뒤 아이 발 근처에 놓아 아이가 발을 버둥거릴 때마다 바스락거리는 소리가 나게 하는 것도 좋은 방법이다.

❸ 풍선 2개를 아이 손 근처에 놓는다. 아이가 움직일 때마다 손에 부딪혀 움직이는 풍선의 모습을 볼 수 있게 한다. 또는 줄을 아이 손목이나 발목에 느슨하게 묶어서 아이가 팔을 움직이거나 발을 버둥거릴 때마다 풍선들이 이리저리 부딪치게 한다. "이게 뭐지? 팔에 이게 뭐지? 풍선이네. 팔을

흔들면 풍선도 흔들거리네" "다리를 흔들어 볼까? 어? 뭐가 흔들리네? 아
~ 풍선이구나."처럼 표현해 주면 더욱 좋다.

★놀이 플러스

갓 태어난 아이의 시력은 0.03정도로, 오감 중 시각 발달이 가장 느리다. 생후 3개월부
터 한 살이 될 때까지 아이의 시력이 집중적으로 발달하므로 다양한 시각적 놀이를 통
해 이를 도와야 한다.

거울아 거울아~ 넌 누구니

신체·언어·정서 발달

이 시기 아이들은 아직 거울 속 자신의 모습을 인지하지 못하지만, 거울을 통해 자기를 알아보는 놀이는 자기 개념의 발달을 돕는다.

❶ 아이를 안고 함께 거울을 본다. "안녕? 아이야. 거울 속에 우리 아이가 있네"라고 거울 속 모습을 향해 인사를 한다.

❷ 아이가 자신의 모습을 볼 수 있도록 거울 옆에서 기저귀를 간다. 자기가 움직일 때마다 거울 속의 아이도 움직인다는 걸 깨닫게 한다. "팔을 흔들면 거울 속 아이도 팔을 흔드네?" 기저귀를 다 간 뒤에는 "우리 아이 다리는 어디 있지?" 하며 아이의 신체를 가리키며 함께 거울을 본다.

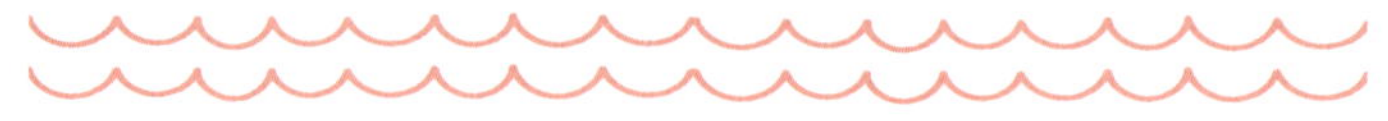

비눗방울을 좇아라

생후 초기의 시각 자극은 매우 중요하다. 이를 위해 빙글빙글 돌아가는 모빌 등을 활용해 눈으로 사물을 좇는 놀이를 할 수 있다.

❶ 아이 옆에서 비눗방울을 불어 아이의 시선이 비눗방울을 따라가는지 살펴본다. "와~ 비눗방울 봐봐. 예쁘다" 하며 아이가 눈으로 좇기 쉽도록 비눗방울을 아이 가까이에서(20센티미터 정도 거리를 두고) 천천히 분다.

❷ 막대 끝에 매달린 비눗방울을 아이 손 가까이에 가져가서 손을 뻗어 터뜨릴 수 있게 하거나 아이 배 위에서 터뜨려 보자. 시각과 촉각을 동시에 자극할 수 있다.

오감이 살아나는 목욕 놀이

신체·언어 발달

목욕 시간을 활용해 물의 속성뿐 아니라 다양한 오감을 자극할 수 있다. 해면 스펀지, 목욕용 장갑, 수건 등 아이가 손쉽게 만져 볼 수 있는 다양한 질감의 목욕 용품들을 준비해 둔다.

❶ "수건은 보들보들", "스펀지는 간질간질"과 같이 느낌을 표현하며 아이 몸을 닦아 주거나 만져 보게 한다. 다양한 질감을 촉각과 청각으로 체험하는 시간이 된다.

❷ 물속에서 노래에 맞춰 아이가 발장구를 칠 수 있도록 돕는다. 〈반짝 반짝 작은 별〉 노래를 "발가락으로 물을 첨벙대. 물이 얼마나 멀리까지 튀나요. 발로 물을 첨벙대. 엄마는 내가 정말 귀엽대"처럼 상황에 맞게 가사를 바꿔 부르면 더욱 좋다.

❸ 플라스틱 병 바닥에 구멍을 뚫은 뒤 물을 채운다. 마치 비가 내리는 것과 같은 느낌을 줄 수 있다. 아이가 이를 눈으로 보고 온몸으로 느낄 수 있도록 한다. 아이가 즐거워하다면 비 내리는 놀이를 반복한다.

봄여름가을겨울 동네 산책

익숙한 집 안을 벗어나 낯선 환경은 아이의 관심을 끌고 새로운 자극을 준다. 최대한 자주 아이를 데리고 다니자. 아이와 함께 나선 길에 흥미로운 게 보일 때마다 가리켜 보여 주며 같은 경험을 공유한다.

❶ 가는 길에 보이는 흥미롭고 다채로운 것들에 주목하게 한다. "와, 저기에 꽃이 피었네." "저기에 새가 날아간다. 안녕~ 해볼까?" "차들이 씽씽 달린다~"처럼 아주 쉽고 단순한 언어를 사용해 주변 환경을 설명해 준다.

❷ 걸어가면서 흥미로운 것들을 손가락으로 가리키며 이름을 가르쳐 준다. "저건, 나무야." "저건 강아지야."

❸ 자주 발걸음을 멈춰 아이와 시선을 맞춘다.

❹ 아이가 옹알이를 하거나 어떤 소리를 낼 때마다 이를 흉내 내어 아이의 관심을 끄는 동시에 아이의 발성 행동을 강화한다.

★놀이 플러스

외출이 어렵다면, 집 안에서도 얼마든지 응용이 가능하다. 아이를 안고 집 안 곳곳을
돌아다니면서 방들을 하나하나 보여 주고 각 방에 있는 흥미로운(혹은 일상적인) 물건들
을 가리키면서 그 방의 용도가 무엇인지 설명해 준다. "여기는 부엌이야. 저기 우리
아이가 먹는 우유병들이 보이네." "여기는 거실이야. 창밖으로 무엇이 보이나 볼까?"
집 안에 있는 모든 거울 앞에 멈춰 서서 거울에 비치는 모습을 아이와 함께 바라보며
거울 놀이도 할 수 있다.

눈코입 노래 놀이

아이의 신체를 어루만져 주면서 노래를 개사하여 불러 준다. 엄마가 불러 주는 노래 소리는 아이의 뇌를 발달시킨다.

❶ 아이 이마에 부드럽게 원을 그리며 "여기는 강아지가 뛰놀고요." 그 아래 쪽에 또 다른 원을 그리며 "여기는 고양이가 뛰놀아요", 한쪽 눈썹을 따라 손가락을 움직이며 "눈을 떴다", 다른 쪽 눈썹을 따라 손가락을 움직이며 "눈을 감았다", 코의 윤곽을 따라 가며 "코로 내려왔다", 입매를 매만지며 "입으로 먹고", "볼이 실룩, 볼이 실룩." 함박웃음을 지우며 아이의 볼을 부드럽게 간질인다.

❷ 아이 다리를 잡고 부드럽게 움직이면서 노래를 부른다. "오므렸다, 벌렸다, 오므렸다, 벌렸다, 위로, 아래로, 위로, 아래로, 지그재그, 지그재그, 왼쪽으로, 오른쪽으로." 그런 다음 아이 발 뒤에 얼굴을 숨기고 "엄마 어디 있게? 까꿍!"을 외친다.

❸ 아이 머리를 어루만지면서 "여기는 북쪽" 아이 발을 만지면서 "여기는 남쪽", 아이 양팔을 넓게 벌린 뒤 한쪽 팔을 만지거나 흔들면서 "여기는 동쪽", 그리고 다른 쪽을 만지면서 여기는 "여기는 서쪽", 그리고 자신을 가리키면서 "여기는 아주아주 행복한 엄마"(활짝 웃으면서 과장되게 연기해야 한다.), "왜냐하면 여기 엄마가 세상에서 제일 사랑하는 아이가 있으니까!"라고 외치며 아이를 와락 안아 주거나 뽀뽀를 해준다.

❹ 아이의 드러난 배에 입술을 바싹 붙여 "호호" 바람을 불거나 노래를 부른다.

★놀이 플러스

말을 하진 못해도 말과 표정, 몸짓으로 다른 사람과 교감할 수 있다. 생후 3개월까지는 낯선 세상에 적응하는 시기인 만큼, 따뜻한 스킨십과 반응으로 안정감을 선사해야 한다. 이는 아이가 다른 사람과 사물을 이해하고 관계를 맺는 바탕이 된다.

3~6개월
아이를 위한 발달놀이

이 시기 아이들은 노는 법을 배우기 시작한다. 아이들이 일반적으로 가장 먼저 몰두하는 유형의 놀이는 '오감 놀이'와 '원인 결과 놀이'다. 오감 놀이는 다양한 신체적 감각을 안겨 주는 놀이이며, 원인 결과 놀이란 어떤 일이 벌어질 경우 뒤이어 다른 일이 벌어진다는 사실을 가르쳐 주는 놀이다. 이러한 놀이를 통해 아이는 자기가 주변 세상에 영향을 미칠 수 있다는 사실을 배워 나간다.

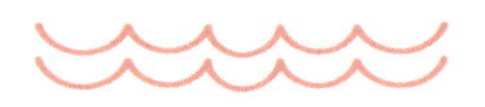

이 시기 아이들은
무엇을 할 수 있을까?

생후 3~6개월은 빠르게 발달하는 시기다. 아이는 자신의 움직임, 특히 상체 움직임을 스스로 제어하기 시작하는데, 아직 자신의 의도에 따라 할 수 있는 일들은 매우 제한적이다. 다양한 감정을 느끼고, 다른 사람들과 의도적으로 상호작용을 할 수 있게 된다. 먹고 자는 시간을 비롯해 아이의 생물학적인 리듬도 제대로 발달하기 시작한다.

무엇보다 이 시기의 가장 중요한 과업은 자기가 안전하고 사랑받고 있다는 사실을 계속해서 깨우쳐 가는 것이다. 아이는 자신의 주요 애착 대상 혹은 양육자가 누구인지를 아직 배우는 중이고, 아이의 몸은 코르티솔을 얼마나 생성해야 하는지 판단하기 위해 주변 환경의 신호를 계속해서 받아들이는 중이다. '이곳은 내가 안심하고 편히 지낼 수 있는 안전한 곳인가? 아니면 내 요구를 충족시키기 위해 항상 경계하면서 울부짖어야 하는 곳인가?'

대개의 경우, 부모가 온갖 방법을 다 동원해 봐도 아이의 울음과 괴성을 멈출 수 없었던 산통은 생후 12주 무렵(3~4개월 사이)이면 해결된다. 아이가 생후 4개

월이 지났는데도 여전히 달랠 수 없을 정도로 울어 댄다면 아이에게 혹시 근본
적인 질환(위산 역류, 알레르기, 탈장, 요로 감염증 등)이 있는 건 아닌지 소아과 의사
와 상의해서 알아내야 한다.

몸을 자유롭게 움직일 수 있다

아이는 이제 색을 인지해 세상을 천연색으로 보게 되고 볼 수 있는 거리도
늘어난다. 또 멀리서도 사람과 사물을 알아보고, 다양한 소리를 알아듣고 구분
할 수 있다. 앞으로 몇 달 동안은 말소리의 미세한 차이까지 구분한다. 그 이후
에는 모국어에서 같은 의미를 갖는, 긴밀하게 연관된 소리들을 구분하는 능력
을 잃기 시작한다. 이는 어린아이에게 풍부한 학습 환경을 제공하고자 할 때 반
드시 고려해야 하는 중요한 원칙을 알려 준다. 들어 보지 못한 소리나 느껴 보
지 못한 질감, 보지 못한 광경 등으로 인해 생후 첫해 동안 거의 활성화되지 않
은 시냅스나 신경 연결점은 손상되거나 사라진다. 하지만 어떤 경우에는 손상
되거나 사라지는 과정이 매우 중요한데, 특히 언어의 경우가 가장 두드러진다.
중요하지 않은 소리를 무시함으로써, 아이는 자신의 언어 발달에 중요한 소리
에만 관심을 집중시킬 수 있기 때문이다.

감각 경험은 이러한 시냅스의 발달을 돕는다. 아이를 다양한 감각에 노출시
키는 것이 중요한 이유는 뇌를 최대한 유연한 상태로 유지하여 다양한 방향으
로 발달할 수 있도록 돕기 때문이다.

생후 6개월이 되면(어떤 아이들은 8개월 가까이 되어야 가능한 경우도 있지만) 몸을
이리저리 뒤집는 법을 터득하고, 다른 사람의 도움 없이도 잠시 앉아 있을 수

있게 된다. 물건을 자기 쪽으로 끌어당길 수 있으며 그걸 쥐고 한 손에서 다른 손으로 옮기는 방법도 배우게 된다. 또 장난감을 흔들면서 동시에 소리를 내는 등 자신의 몸을 조화롭게 움직일 수 있게 된다.

세상과 친밀해지다

아이는 이제 세상과 긴밀한 관계를 맺기 시작한다. 아이의 미소는 곧 웃음이 되고, 옹알이도 하게 될 것이다. 부모의 어조에도 더 민감해진다. 앞으로 몇 달 동안 아이는 엄마가 "안 돼!"라고 말하면 그 경고에 주의를 기울이는 법을 배우고, 자기 이름을 알아듣기 시작하여 누군가 자기 이름을 부르면 고개를 돌려 바라보게 될 것이다. 사회적 상호 작용은 아이가 미래의 행복을 위해 꼭 배워야 하는 것들 중에서 가장 중요한 요소다. 아이가 배워야 하는 다른 일들 역시 사회적 상호 작용 안에서 배울 수 있다.

노는 법을 배우다

생후 3~6개월, 아이는 노는 법을 배우기 시작한다. 아이들이 일반적으로 가장 먼저 몰두하는 유형의 놀이는 '오감 놀이'와 '원인 결과 놀이'다. 오감 놀이는 아이에게 다양한 신체적 감각을 안겨 주는 놀이를 말한다. 원인 결과 놀이란 딸랑이를 흔들면 소리가 나는 것처럼 어떤 일이 벌어질 경우 뒤이어 다른 일이 벌어진다는 사실을 아이에게 가르쳐 줄 수 있는 놀이를 일컫는다. 생후 3~6개월 된 아이가 배워야 하는 원인 결과 놀이 가운데 가장 중요한 점은 어떤 일을 하면 그로 인해 다른 일이 벌어진다는 사실이다. 아이는 자기가 주변 세상에 영향을 미칠 수 있다는 사실을 배워 나가는데, 아이의 행동에 따라 반응을 달리해 주면 원인과 결과에 대해 알려 줄 수 있을 뿐만 아니라 사회적 상호 작용까지 동시에 가르칠 수 있다.

예를 들어 아이가 부모의 손을 잡을 때마다 손가락 놀이를 하면서 노래를 부르거나 따뜻하게 안아 준다면, 아이는 부모의 손을 잡는 행위가 이런 일을 유도하는 하나의 방법임을 깨닫게 될 것이다. 아이가 미소 지을 때마다 부모가 같이 미소를 짓는다면, 아이는 자기가 웃으면 부모도 웃게 된다는 걸 알게 될 것이다. 비록 처음에는 아이가 의도한 게 아니었을지라도 말이다. 아이의 행동에 반응을 보임으로써 아이에게 자신의 행동이 다른 사람의 행동에 영향을 미칠 수 있다는 사실을 일깨워 줄 수 있다.

부모가 아이의 행동에 맞춰 상호 작용을 하고 이야기를 들려 줄 경우, 아이의 언어 발달이 빨라지고 뛰어난 사회적 기술을 갖추게 된다는 연구 결과도 있다. 물론 항상 그렇게 할 수는 없는 법이고 또 그럴 필요도 없다. 다만 아이의 신호를 놓치지 않도록 관심을 기울이고, 기분 좋은 반응을 해줄 수 있도록 신경을 써주는 것은 대단히 중요하다.

아이에게 맞는 적절한 자극을 찾아야 한다

아이들은 저마다 개성이 다르다. 아이가 언제 가장 행복한지, 언제 두려움을 느끼고, 불만을 느끼는지 각각의 상황에 주의를 기울여 아이에게 주는 자극을 조절해야 한다. 일례로 자극에 쉽사리 압도당하는 아이들은 부드러운 목소리로 말을 걸어 주는 걸 좋아하고, 새로운 것에 익숙해지기까지 시간이 오래 걸릴 수 있다(장난감을 꺼내서 아이 눈에 잘 보이는 곳에 놔두면 며칠이 지난 뒤에야 비로소 갖고 놀기 시작하거나, 차에서 똑같은 노래를 몇 번씩 불러 준 뒤에야 겨우 그 노래를 좋아하게 되는 경우도 있다.). 반면 관심을 끌기 위해 높은 수준의 자극을 줘야 하는 아이들도 있다. 일례로 어떤 아이들은 신체 놀이를 좋아하고 주변 환경에 새로운 게 있을 때 더 집중하는 경향을 보인다(이 경우 아이들이 계속 신선한 기분을 느낄 수 있도록 새로운 사람을 집으로 초대하거나 지금껏 가보지 않은 새로운 장소에 찾아가야 할 수도 있다). 우리 아이에게 적절한 자극의 양은 어느 정도인지 유심히 관찰해 보자.

좋은 수면 습관을 길러야 한다

이제 아이를 위해 좀 더 구체적이며 규칙적인 일정과 일과를 정해야 하는 시기다. 그중 하나로 아직 아이가 '울어도 그냥 내버려 두기'에는 너무 이르지만 수면 교육을 할 수 있다. 그 방법으로는 '낮잠을 2시간 30분 이상 재우지 않는다, 낮잠 시간과 취침 시간을 확실하게 정해 놓는다, 흔들의자에 앉아 책을 읽어 주거나 조명을 어둡게 하거나 자장가를 불러 주는 등 수면 시간이 되었음을 알려 주는 행동을 정한다'가 있다.

영유아와 수면에 관한 연구 결과, 부모와 함께 자는 아이와 침대에서 혼자 자는 아이 사이에 차이가 있는지 여부는 아직 밝혀지지 않았다. 또 생후 6개월이 지나서도 밤에 울면 무조건 달래 주는 아이와 6개월 이후에는 울어도 그냥 내버려 두는 아이 사이에서도 별 차이가 드러나지 않았다. 단지 수면과 관련해서 밝혀진 명확한 차이점이 하나 있다면, 돌이 될 무렵까지도 잠을 잘 자지 못하는 아이는 잠을 잘 자는 아이에 비해 언어 능력과 사고력이 한참 뒤떨어진다는 것이다. 따라서 좋은 수면 습관을 들이기 시작하는 건 아이의 발달에서 무척 중요한 부분이다.

이것만은 반드시!

모든 아이들은 발전 속도가 제각기 다르지만 생후 6개월 된 아이가 다음과 같은 모습을 보이면 의사에게 얘기해야 한다.

- 몸이 유난히 뻣뻣하거나 흐느적거리는 듯하다.

- 머리를 꼿꼿이 들고 있지 못한다.

- 겨우 몇 초도 혼자 앉아 있지 못한다.

- 소리나 미소에 반응하지 않는다.

- 부모를 봐도 미소를 짓지 않는다.

- 자기와 가장 가까운 사람들에게 애정을 표현하지 않는다.

- 물건을 잡으려고 손을 뻗지 않는다.

엄마는 안심,
아이는 즐거운!

3~6개월 발달놀이

가리키며 책 읽기

언어 · 정서 · 표현 발달

날마다 아이와 함께 책을 읽는다. 갓난아이일 때부터 하루 5분씩이라도
책을 읽어 준 아이는 언어 이해력과 표현력이 뛰어나다.

❶ 아이가 그림을 볼 수 있도록 아이를 품에 안고 책을 똑바로 세워 들고 읽
는다. "엄마랑 오늘은 재미있는 동물책을 볼까? 어떤 동물들을 만날 수 있
을까?"

❷ 책에 흥미로운 내용이 나올 때마다 검지로 일일이 짚어가며 가리킨다. 그
리고 이름을 알려 준다. "우와, 귀여운 아기 돼지네. 돼지가 '꿀꿀' 울고 있
네."

❸ 아이의 반응을 살피며 아이가 흥미로워하는 그림은 충분히 즐길 수 있도
록 한다. "코끼리가 신기해? 코끼리의 코는 엄청 길지~. 우리 아이 코는
어떨까?" 하며 관심을 북돋는다.

★놀이 플러스

처음에는 색 대조가 뚜렷한 책(흑백 또는 밝은 색으로 채색된 책)이나 아이가 만지면서 살펴볼 수 있는 다양한 질감의 부드러운 헝겊책, 목욕할 때 가지고 놀거나 입에 넣어도 되는 책으로 시작한다. 잠자리에 들기 전에 읽어 주는 등 매일 습관적으로 읽어 주는 게 좋다.

간지럼 손가락이 나타났다

신체·인지·정서 발달

아이를 간질이며 교감하는 놀이로, 다정한 스킨십은 엄마와 아기의 애착 형성에 도움을 준다.

❶ 아이를 눕힌 후 "간질간질" 하고 말하며 신체 부위를 간질인다. 갑자기 간질이기보다 "간질간질"처럼 이 놀이를 시작하기 전에 특정 말을 항상 해줌으로써 아이가 예측할 수 있도록 한다. 이는 아이의 인지 능력을 발달시킨다. 단 너무 심하게 간지럼을 태워서는 안 된다. 아이의 즐거워하는 반응을 보며 온몸 구석구석을 간질이며 자극을 준다.

❷ 손가락을 천천히 움직이면서 "이건 간지럼 손가락이다~ 이건 간지럼 손가락이야~ 간지럼 손가락이 아이를 잡으러 가네. 점점 가까이 더 가까이 ~ 간지럼 손가락이 무릎을 잡았다! 작은 무릎을 잡았어!" 그러고는 아이 무릎을 간질인다. 아이가 부드럽게 간질여 주는 걸 좋아하면 다른 신체 부위에서도 이 놀이를 반복한다. 아직 신체 부위를 가리키는 구체적인 단어를 배울 준비는 안 되었지만, 언어가 재미있는 놀이가 될 수 있다는 사실

을 깨달을 수 있다.

❸ 아직 어린아이라도 1에서 3까지는 구별할 줄 안다. "간질, 간질, 간질" 3번 외치고 3번 간질이기를 반복하다가, "간질, 간질" 2번 외치고 2번 간질이는 방식으로 숫자 개념을 가르칠 수 있다.

★놀이 플러스

간지럼처럼 신체 감각과 함께 단어를 가르치면 보다 더 잘 기억하는 효과가 있으니, 아이에게 말을 가르칠 때 활용하면 좋다.

보이는 까꿍 놀이

언어 · 인지 · 정서 발달

이 시기 아이들은 뭔가가 눈앞에서 사라지더라도 그게 더 이상 존재하지 않는 건 아니라는 걸(대상 영속성) 이해할 수 있다. 까꿍 놀이가 이를 도와주는데, 기저귀를 갈면서도 이 놀이를 즐길 수 있다. 다양한 방식으로 까꿍 놀이는 변형이 가능하다.

❶ 아이가 바닥에 누워서 기저귀 갈 준비를 하고 있을 때 상자나 서랍에서 꺼낸 새 기저귀 뒤에 얼굴을 감췄다가 내밀면서 까꿍 놀이를 할 수 있다. 기저귀로 얼굴을 가리며 "엄마가 어디 갔지?"라고 말한 뒤 잠시 후 "엄마 여기 있네!"나 "엄마 여기 있지!"라고 말한다. 이때 아이와 눈을 꼭 마주쳐야 한다.

❷ 작은 담요로 얼굴을 제외하고 아이의 몸 일부를 덮은 뒤 마치 안 보이는 것처럼 "우리 아이가 어디 있지? 어디 갔을까?"라고 말한다. 찾는 시늉을 하다가 담요를 벗기며 "여기 있었구나! 찾았다! 여기 숨어 있었어!"라고 외친다.

❸ 아이가 보는 앞에서 아이가 좋아하는 물건을 숨긴 뒤 "곰 인형이 어디 갔

지? 어디 갔을까?" 하며 찾는 시늉을 한다. 이때 담요나 베개 아래에 인형의 몸을 반 정도만 숨겨 일부만 가려지게 한다. 그 후 과장된 몸짓으로 "인형이 어디 갔지? 저~기 멀리 갔나?" 하며 말한다. 아이가 담요나 베개 아래에 있는 장난감을 찾아낼 때까지 찾는 시늉을 계속한다. 아이의 반응을 살피다 잠시 후 "어! 여기 있었네!" 하고 외치며 숨긴 물건을 꺼내 보여 준다. 아이가 장난감을 찾아냈다면 "거기 있었구나! 와~ 우리 아기가 찾았네. 물건 찾는 걸 정말 잘하는구나!" 하며 칭찬해 준다.

❹ 거울을 사용해서 아이 얼굴이 거울에 비치도록 한 뒤 아이 뒤에 몸을 반만

숨기고 "엄마가 어디 있지? 엄마가 어디로 갔을까?"라고 말한다. 그리고 갑자기 튀어나와서 아이가 거울을 통해 엄마의 얼굴을 볼 수 있도록 한 뒤 "엄마 여기 있다!"라고 외친다. 찾는 걸 정말 잘하는구나!" 하며 칭찬해 준다.

★놀이 플러스

아이가 이 놀이에 익숙해지면 숨기는 장소를 점점 멀리 하거나 보다 안 보이게 감추는 등 난이도를 올려도 좋다. 만약 아이가 장난감을 찾아내려고 하지 않는다면, 아이 손을 부드럽게 쥐고 장난감을 가리고 있는 담요를 벗기도록 유도한 뒤, "여기 있구나! 네가 찾았네!"라고 말한다. 이 놀이는 부모와의 상호 작용을 통해 아이에게 긍정적인 감정을 선사할 뿐 아니라 전두엽을 활성화시키는 효과가 있다.

터트려 펑!

목욕 시간은 비눗방울을 불며 놀기에 더없이 좋은 시간이다. 평소 목욕을 싫어하는 아이라면 비눗방울 놀이를 통해 목욕이 좋아질 수도 있다.

❶ 비눗방울을 다양한 신체 부위를 활용해 터뜨려 보자. 아이가 무척 재미있어할 것이다. 예를 들어 하나는 머리로, 하나는 다리로 뻥, 또 하나는 양손바닥을 짝 마주쳐서 터뜨린다. 비눗방울이 하나씩 터질 때마다 "펑!"이라고 말하면서 숨을 삼키고 입을 동그랗게 오므리며 놀란 표정을 짓는다. 아이는 엄마의 놀란 표정과 감탄사를 비눗방울만큼이나 좋아할 것이다.

★놀이 플러스

비눗방울은 인과 관계(자신의 행동이 어떤 결과를 초래한다는)를 알려 주고 눈으로 좇기 활동을 이끌 수 있어, 이 시기 아이들에게 매우 좋은 장난감이다.

엄마랑 아기랑 거품 수염

인지 · 표현 발달

욕조에 거품을 가득 풀어 다양한 거품 놀이를 할 수 있다. 따뜻한 물과
부드러운 거품은 아이에게 정서적 안정감을 준다.

❶ 먼저 거품을 마음껏 만져 볼 수 있도록 한다. "거품 느낌이 어때? 거품이
보들보들하지?"

❷ 얼굴에 '거품 수염'을 만든 후 "엄마 턱이 어디 갔을까?"라고 말한다. 잠시
후 거품을 씻어 내고는 "짠! 엄마 턱 여기 있네!"라고 외친다. 다른 신체
부위에도 적용해 보자.

❸ 고무 오리 인형을 거품으로 숨기고는 "오리가 어디 갔을까?"라고 말한다.
그 후 거품을 씻어낸 뒤 "짠! 여기 있네!"라고 외치며 보여 준다.

❹ 작은 거울이 있으면 아이 코에 거품을 묻힌 뒤 거울로 아이 얼굴을 보여
주며 "아이 코가 어디 있지?"라고 말한다. 잠시 후 거품을 씻어 내고 "여기

있네! 아이 코가 여기에 있어!"라고 말한다. 아이가 이 놀이에 익숙해지면 자기가 직접 거품을 닦아 내려고 할 것이다.

목욕을 하기 직전에 우유를 먹이면 아이가 토할 수도 있다. 또한 물의 온도가 적당한지 주의를 기울여야 한다.

손을 뻗어 잡고 구르기

신체 발달

아이의 감각 발달과 운동 발달이 빠르게 이루어지는 시기다. 물건을 향해 손을 뻗거나 구를 수 있다. 이때 물건을 향해 손을 뻗는 놀이는 발달을 더욱 촉진한다.

❶ 평소 좋아하는 장난감을 아이 손이 닿는 범위에서 약간 떨어진 곳에 둔다.

❷ 아이가 손을 뻗어서 장난감을 움켜잡으려 하거나 자기 쪽에 가까이 가져다 달라는 표시를 하면 장난감을 아이가 잡을 수 있는 위치에 옮겨 놓는다. "오리랑 놀고 싶구나? 자, 여기 있어"

❸ 아이를 작은 담요 한가운데 똑바로 눕힌다. 담요 한쪽을 부드럽게 들어 올렸다가 내린 후 다음에는 반대쪽을 들어 올린다. 아이 몸이 완전히 뒤집힐 정도로 세게 굴리는 게 아니라 이쪽저쪽으로 조금씩만 굴려서 자기 몸이 다른 자세를 취하는 느낌을 경험하게 해주는 게 포인트다.

❹ 이 놀이를 할 때 서로 완전히 다르게 생긴 재미있는 물건을 아이 몸 양쪽

에 둔 뒤 아이를 이쪽저쪽 굴리면 눈앞에 보이는 광경이 바뀌는 재미를 함께 줄 수 있다.

이 사람은 누굴까?

인지 · 정서 발달

사진이나 그림을 보고도 사람을 알아볼 수 있다. 우리 가족만의 앨범이나 친구 사진만을 모아 놓은 앨범을 만들어 아이에게 보여 주자.

① 가족 앨범을 만든다. 가능하다면 가족 한 사람씩 페이지를 따로 만든다.

② 아이를 품에 안고 함께 가족 앨범을 보면서 때로는 빠른 속도로 넘기면서 그들의 이름을 알려 주고, 때로는 천천히 넘기면서 한 사람 한 사람에 대해 자세히 이야기해 준다. "할아버지네. 전에 뵈었을 때 안아 주셨었지?"

③ 사진 앨범을 보면서 목소리도 함께 들려 줄 수 있다. 친구와 가족들에게 메시지를 녹음해 달라고 해서 아이에게 그들의 목소리를 들려주며 사진을 보여 주는 것이다.

★놀이 플러스

알록달록한 벽지나 커튼 등으로 아이에게 시각적 자극을 줘야 한다. 생후 3개월 이후 부터는 다른 모양에 비해 사람 얼굴 그림을 선호하기 때문에 얼굴 모양의 캐릭터 옷을 입어 아이에게 시각적 즐거움을 줄 수 있다.

몸으로 표현하는 동요

신체·정서·표현 발달

아이는 노래를 부르며 가사에 맞춰 율동을 하거나 스킨십을 해주는 것을 매우 좋아한다.

❶ 〈거미가 줄을 타고 올라갑니다〉 노래를 부르면서 노래 가사에 맞춰 손가락으로 아이 몸을 타고 기어 올라가는 흉내를 낸다.

❷ 〈반짝반짝 작은 별〉 노래 가사에 맞춰 반짝반짝 흉내를 내며 노래를 부른다. 하늘을 가르키는 동작을 하며 서쪽 하늘, 동쪽 하늘도 표현한다.

❸ 〈산토끼〉 가사로도 얼마든지 가능하다. 깡충깡충 흉내를 내며 노래를 부른다.

공 위에서 데구르르

어린아이들은 등과 목 근육을 강화할 수 있도록 때때로 엎어 놓기도 해야 하는데 이 자세를 좋아하지 않는 아이들도 있다. 밑에서 받쳐 주는 느낌이 들도록 돌돌 만 수건을 아이 팔과 가슴 아래에 놓아두면 아이가 이 자세를 좋아하는지 알 수 있다.

❶ 아이를 안고 작은 운동용 공이나 커다란 놀이용 공 위에 엎어 놓는다. 이때 부모가 잘 잡아 주어 아이가 전혀 위험하지 않고 안전하다고 느끼게 해야 한다. 안심한 아이는 공 위에서 앞뒤로 '구르는' 느낌을 즐기게 될 것이다. 공 대용품으로 수건 한두 개를 말아 아이 몸 아래에 받치고 앞뒤로 굴려 줘도 좋다.

❷ 작은 플라스틱 거울을 찾아 아이 아래쪽 바닥에 두어 아이가 자기 모습을 볼 수 있게 한다. 거울 속에 비치는 게 자기 모습이라는 걸 아직 인지하지는 못하지만 매우 큰 흥미를 보일 것이다.

❸ 아이를 담요 위에 엎드려 놓은 뒤 노래를 부르며 아이 가까이 다가갔다가 멀어졌다 하며 돌아다닌다. 아이 주변을 커다란 호를 그리며 돌아다녀도

좋다. 아이가 머리를 들어 올려 부모를 따라 부드럽게 고개를 움직이는지 살핀다.

★주의해야 할 사항

생후 2개월 무렵 턱을 들어서 고개를 들려고 하던 아이는, 생후 3개월이 되면 고개를 들고 소리 나는 쪽을 쳐다볼 수 있다. 이 시기 앉도록 도와주거나, 엎드리거나 누워서 놀 수 있도록 자세를 잡아 주는 등 아이가 새로운 신체 기능을 강화할 수 있는 기회를 많이 만들어 줘야 한다.

단 잘 때는 반드시 똑바로 눕혀서 재워야 하고, 아이를 엎어 놓았다면 계속 옆에서 지켜봐야 한다.

6~9개월 아이를 위한 발달놀이

주변 세상에 대한 부쩍 높아진 관심으로 온 사방을 기어 다니며 탐험하고자 한다. 흉내 내기에 빠져 순서 교대나 공유 같은 어려서부터 알아 둬야 하는 사회적 규칙을 배우는 데도 열심이다. 이러한 특성 때문에 다양한 동작이나 놀이법을 알려 주기에 매우 좋은 시기다.

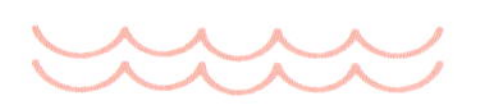

이 시기 아이들은
무엇을 할 수 있을까?

이 시기 아이는 기질과 성격이 드러나며 진정한 인격체가 되어 간다. 주변 세상에 대한 높아진 관심으로 탐험을 시작하며, 적극적으로 소통하고자 한다.

사회적 규칙을 배워 나간다

생후 6~9개월이 된 아이는 부쩍 사회성이 좋아진 모습을 보인다. 흉내 내기에 푹 빠지고 순서 교대나 공유 같은 어려서부터 알아 둬야 하는 사회적 규칙을 배우는 데도 열심이다. 이러한 특성 덕분에 아이에게 다양한 동작이나 놀이 법 등을 알려 주기에 매우 좋은 시기다.

시선 맞추기는 아이들이 의사소통을 꾀하는 첫 번째 방법이다. 부모와 시선을 맞추는 것은 상호 작용을 계속하고 싶다는 뜻이고 반대로 시선을 돌리는 건 그만하고 싶다는 뜻이다. 아이를 그네에 태우고 부드럽게 밀어 주거나 밥을 먹일 때, 잠시 동작을 멈추고 아이의 요구를 기다릴 수 있다. 아직 말을 알아듣지 못할지라도 아이는 부모가 자신의 의사 표현을 기다리고 있다는 사실을 이해한다. 그리고 아이가 시선 맞추기로 의사를 표하면, "더 밀어 줄까? 좋아. 간다!" "더 달라고? 맛있지?"라고 하면서 원하는 걸 계속 해준다. 여기서 중요한 건 아이가 활동 중에 부모에게 주목하고 의사소통을 하려고 한다는 것이다.

이 월령대의 아이가 먹던 음식이나 침이 잔뜩 묻은 과자를 나눠 주려고 한다면 이에 대해 과장된 반응을 보임으로써 남들과 함께 나누는 것에 대해 가르치고 독려할 수 있다. 또 부모를 따라 하는 일에 매우 관심이 많아 이를 통해 새로운 것들을 가르쳐 줄 수 있다. 아이에게 장난감을 빌려 달라고 부탁하면서 아이 쪽으로 손을 내민다. 이때 아이가 장난감을 주려고 하지 않으면 아이 손에 쥐여 있는 장난감을 부드럽게 가져와서 잠깐 가지고 있다가 다시 돌려주는 방식으로 가르칠 수 있다.

옹알이, 언어 발달의 시작

대부분의 아이들은 말을 시작하기 전에 옹알이를 하면서 언어 발달의 기초를 다진다. 이런 소리들은 감탄사와 몸짓(손 뻗기, 머리 흔들기), 아이가 지금까지 들어 온 소리의 특징이 담긴다. 예를 들어 아이는 마치 질문이라도 하는 것처럼 "바 바 바?" 하며 말꼬리를 올리기도 하고 "바 바!" 하며 감탄사처럼 들리는 소리를 낸다.

아이는 부모가 하는 말과 행동 그리고 그것들의 의미들을 서로 연관시킨다. 박수를 치는 건 부모가 행복하다는 뜻이고, 머리를 흔드는 건 '안 돼!'를 뜻한다는 것을 깨달아 나간다.

다음 방법들로 아이의 언어 발달을 도와줄 수 있다.

이해하지 못할지라도 많은 이야기를 들려준다

책을 읽어 주거나 주변에서 벌어지고 있는 일들을 설명해 주자. 복잡한 문장을 들으면서 그 속에 포함된 수많은 소리와 문법, 어조가 어떻게 어울리는지 배울 수 있다. 이와 함께 간단한 단어를 반복해서 들려주는 것도 매우 효과적이다. 특히 생후 1년 동안은 한 번에 단어를 하나씩만 사용해서 아이와 의사소통하는 게 좋다. 예를 들어 "일어나자고? 좋아! 일어나자!"라고 말하면서 아이를 안아 올리는 식이다.

아이가 관심을 보이는 대상의 이름을 가르쳐 준다

아이가 고개를 돌려가며 엄마와 아빠를 번갈아 바라본다면, 아이가 엄마를 바라볼 때는 "엄마", 아빠를 바라볼 때는 "아빠"라고 말해 준다. 어린아이들은 부모의 관심이 자기와 다른 곳에 집중되어 있다는 사실을 이해하지 못한다. 따라서 아이가 새나 풍선 등 다른 것을 유심히 바라보고 있으면 그 대상의 이름을 알려 주고 미소를 짓거나 그에 대한 간단한 설명을 들려주어서 그 대상이 주는 즐거움을 공유한 뒤에 다른 쪽으로 관심을 돌리도록 유도해야 한다.

아이가 하는 행동이 굉장히 중요한 일인 것처럼 반응해 준다

부모의 말과 행동을 아이의 말과 행동과 연계시키는 건 매우 중요하다. 연계 반응은 아이가 언어를 배우는 데 가장 큰 영향력을 미친다. 따라서 아이가 지금 어떤 단어를 말한 건지 아니면 그냥 아무 의미 없는 소리를 낸 건지, 관심 있는 대상을 가리킨 건지, 아니면 그냥 손을 뻗은 건지 잘 모르겠더라도 실제로 단어를 말하거나 의미 있는 몸짓을 한 것처럼 반응을 해줘야 한다. "그래! 즐겁구나! 아빠도 즐거워! 아빠가 웃네" 혹은 "아, 바나나가 먹고 싶다고! 그래, 여기 있어!"처럼 말이다. 그렇게 함으로써 아이에게 본인이 하는 모든 행동들이 관계에서 의미를 지닌다는 것을 가르쳐 줄 수 있다.

말을 할 때 몸짓을 많이 활용한다

말이 늦는 아이들의 경우, 간단한 몸짓과 신호를 이용해서 말을 가르치면 배우는 속도가 빨라진다. 일관성만 유지할 수 있다면 부모가 직접 단어와 어울리는 신호와 몸짓(베이비 사인)을 고안해 낼 수도 있다. 그렇게 하면 아이가 "그네" "공"이라는 단어를 아직 말하지 못할지라도 부모에게 배운 대로 손을 그네처럼 앞뒤로 흔들거나 손으로 공 모양을 만들어서 의사소통을 하려고 할 것이다.

장난감을 가지고 놀 수 있다

생후 6개월이 되면 장난감의 세계에 입문할 준비가 된다. 이 무렵에 가지고 놀기에 좋은 장난감 종류는 버튼을 누르면 소리가 나는 식으로 원인과 결과가 확실한 장난감이나 블록, 고리 쌓기, 컵 쌓기처럼 소근육 발달을 촉진하는 장난감들이다.

기어 다닌다

이 시기 아이들은 다양한 움직임을 습득하는 데 열중한다. 이는 아이에게 스스로 많은 일을 할 수 있다는 생각을 갖게 해준다. 기어서 지나가는 터널 놀이, 과자 길 따라가기 등의 놀이를 통해 이러한 발달을 도울 수 있다.

아이의 발육 단계상 엎드려서 기거나 앉은 자세에서 몸을 움직일 수 있어야 하는 시기지만, 만약 그렇지 못한 경우에는 억지로 이런 활동을 시켜서는 안 된다. 아무런 효과가 없을 뿐 아니라 좌절감만 안겨 줄 수 있다. 아직 준비가 되어 있지 않다면 기다렸다가 한 달쯤 후에 다시 시도해 볼 것을 권한다.

대상 영속성을 이해한다

아이는 물건이나 사람이 자기 눈에 안 보여도 여전히 존재한다는 대상 영속성을 이해하기 시작한다. 이런 발달 과정 때문에 이 시기에는 까꿍 놀이와 숨기 놀이와 같은 활동이 필수적이다.

이것만은 반드시!

아이들마다 발달 속도는 제각기 다르지만 생후 6~9개월 된 아이가 다음과 같은 모습을 보이면 의사를 찾아야 한다.

- 즐거운 감정을 표현하지 않는다.

- 양육자가 미소를 지어도 따라서 미소를 짓지 않는다.

- 큰 소리가 나도 반응하지 않는다.

- 다른 사람의 얼굴에 관심을 보이지 않는다.

- 시선을 맞추려고 하면 외면한다.

- 익숙한 양육자가 안아도 몸을 뻣뻣하게 굳히면서 울음을 터뜨린다.

- 머리를 가누지 못하거나 남이 도와주지 않으면 똑바로 앉지 못한다.

- 7개월이 되어도 모음과 자음을 모두 사용한 옹알이를 하지 않는다.

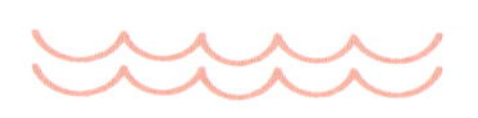

아이의 감정 선생님이
되어 줘야 한다

아이들은 점점 표정이 풍부해지고, 다양한 방식으로 부모에 대한 애정을 드러내기 시작한다. 이때 부모는 과장된 표정을 짓거나 아이의 표정을 거울에 비춰서 보여 주는 방법으로 이러한 발달을 더욱 도울 수 있다.

아이들이 항상 기분이 좋을 수는 없는 법이다. 때로는 짜증을 내기도 하고 무서워하거나 불만을 품거나 슬퍼하기도 한다. 따라서 부모는 긍정적인 감정을 최대한 많이 경험시키는 걸 목표로 삼되 부정적인 감정도 받아들이며, 웃어넘길 수 있는 마음의 준비가 되어 있어야 한다. 이를 위해서는 가능한 자주 아이의 감정을 있는 그대로 인정해 줘야 한다. 예를 들어 아이가 슬퍼 보인다면 과장되게 슬픈 표정을 지으면서 "우리 아이가 슬프구나"라고 말하는 것이다. 그런 다음 꼭 안아 준다. 정서적인 활동을 꾀하는 놀이로도 아이의 감정을 알려 줄 수 있다. 평소 아이가 좋아하는 인형으로 아이의 현재 모습이나 아이의 행동이 불러오는 감정을 흉내 내며 보여 주는 것이다. 아이가 인형을 바닥에 떨어뜨렸을 때는 "아야, 아파! 나 바닥에 떨어져서 다쳤어"라고 인형의 감정을 대신 말해 준다.

아이들은 상자 안에서 갑자기 인형이 튀어나오는 장난감들을 좋아하는데, 특히 부모가 놀란 표정을 짓다가 웃음을 터뜨리면 더욱 즐거워한다. 이 장난감을 가지고 놀 때는 상자를 열기 전에 "아이, 무서워" 혹은 "뭐가 나올까 기대돼. 신난다"라며 감정을 드러내다가, 상자를 열어 인형이 튀어나오면 과장되게 놀라는 모습을 보이면 좋다.

아이가 좋아하며 웃음을 터뜨리면, "정말 마음에 드는 모양이구나"라고 말하며 아이 손을 잡고 위아래로 흔들어 주어 이렇게도 함께 즐거움을 나눌 수 있다는 걸 아이에게 알려 준다. 혹은 "그렇게 재미있어?" 하며 아이에게 간지럼을 태워서 혼자 웃는 것보다 함께 웃는 게 즐겁다는 걸 알게 해준다. 아이의 긍정적인 감정 표현을 더욱 키워 주는 한편, 자신의 감정을 부모와 공유하도록 가르쳐야 한다는 걸 꼭 기억하자.

또 아이의 행동에 명확한 감정으로 반응해 줌으로써 자신의 행동이 다른 사람에게 어떤 영향을 미치는지도 가르쳐 줘야 한다. 이와 함께 기분이 나쁠 때 아이 스스로 마음을 달래는 법을 가르치기 시작해야 한다. 예를 들어 아이가 짜증이 난 경우에는 "우리 아이가 좋아하는 곰 인형이랑 담요가 어디 있지? 그게 있음 기분이 좋아지잖아. 같이 찾아서 안고 있어 볼까?"라고 말하며 그 물건들을 놓아 둔 곳으로 인도하거나(아이가 기어 다니는 경우) 데리고 간다. 이렇듯 부정적인 감정을 극복할 수 있음을 아이에게 알려 줘야 한다.

6~9개월 발달놀이

대화하며 책 읽기

언어 · 인지 발달

아이에게 책을 읽어 줌으로써 언어와 인지 능력 발달을 자극할 수 있다. 특히 특정한 방식으로 책을 읽어 주면 이런 이점을 더욱 강화할 수 있다는 사실이 연구를 통해 밝혀졌다.

❶ 책 내용을 그대로 읽어 주기보다는(물론 그렇게 하는 것도 재미있고 중요하기는 하지만) 때로는 아이와 함께 책 내용에 대해 대화를 주고받으려고 시도해 보자. 물론 이 나이 때의 아이는 말을 하지 못하기 때문에 부모가 1인 2역을 해줘야 한다. 예를 들어 『골디락과 곰 세 마리』를 읽고 있다고 하면, "얘가 누굴까? 얘는 골디락이야! 오, 안 돼! 이것 봐, 아기 곰이 슬퍼하네! 저런! 골디락이 무서운가 봐! 그럼 골디락이 이제 어떻게 할까? 이것 봐, 달아나고 있어" 하는 식으로 진행한다.

❷ 이야기에 나오는 단어들을 그림책에 실린 그림 속에서 찾아 짚어 준다. 일례로 『잘 자요, 달님』을 읽는 중이라면 "빨간 풍선"이라는 단어를 읽으면서 그림 속 풍선을 가리키고, "전화기"를 읽으면서 그림 속 전화기를 가리키고, "벙어리장갑"을 읽으면서 그림 속 벙어리장갑을 가리키는 식이다.

이를 통해 아이에게 단어의 소리와 그림을 연결시켜 줄 수 있다.

이 월령대의 아이들은 플랩북을 좋아한다. 이런 책은 아이가 좋아하는 까꿍 놀이도 할 수 있을 뿐 아니라 기억력 향상에도 도움이 된다. 손으로 다양한 질감을 느낄 수 있는 책도 매우 좋다.

플랩북, 팝업북과 마찬가지로 닫힌 문 아래나 뒤쪽에서 동물이나 캐릭터 인형이 '갑자기 등장하는' 장난감도 상당히 좋아한다. 처음에는 문을 닫을 수는 있는데 열지는 못할 수도 있다. 그럴 경우에는 부모가 장난감 문을 열어 주고 "어? 기린아 안녕?" "기린아 잘 가!" 하고 동물들에게 인사하게 한 뒤 문을 닫아 보게 하는 식으로 놀이를 할 수 있다. 이후 아이의 소근육이 발달하면 장난감 문을 열거나 팝업 버튼을 직접 누르는 법을 익히도록 도와줘서 놀이를 모두 즐길 수 있도록 돕는다.

비행기 냠냠

신체·생활·표현 발달

처음 접하는 이유식에 대한 경험은 이후 식습관에 영향을 미친다. 식사 시간이 즐거워지는 놀이를 통해 즐거운 경험을 선사하자.

❶ 아이에게 숟가락으로 음식을 떠먹일 때 숟가락이 비행기인 것처럼 주변을 날아다니다가 착륙하는 척 하면서 즐겁게 밥을 먹일 수 있다. "붕~ 비행기가 날아간다~ 어디로 갈까? 붕~"

❷ 놀이를 다양하게 바꿔 주면 식사 시간이 더욱 즐겁게 느껴질 것이다. 음식을 담은 숟가락으로 새가 쉴 곳을 찾아다니는 시늉을 한다. "짹짹짹~ 새가 날아가네. 어디 쉴 곳이 없을까? 짹짹짹~ 코에 쉴까? 아님 볼에? 아니, 입으로 쏙!" 하면서 입에 넣어 준다.

❸ 반대로 엄마한테 떠먹여 주는 놀이도 아이는 즐거워한다. "엄마한테 먹여 줄래?"라고 말한 뒤 입을 벌리고 기다린다. 아이가 음식을 떠먹여 주면, "나눠 줘서 고마워. 엄마 정말 기뻐" 혹은 "고마워"라고 한다. 음식이 좀

묻어도 상관없는 인형을 가져와서 "토끼 인형한테도 먹여 줄까?" 하며 인형에게 먹여 주는 놀이도 해보자.

이 시기의 아이가 이유식을 가지고 장난을 치려 한다면 눈감아 주자. 손으로 만져도 보고, 던져도 보면서 음식을 탐색하는 기회가 된다. 이를 위해 치우기 편하도록 턱받이를 하거나 바닥에 깔개를 깔아도 좋다.

영차영차 줄을 당기자

신체·인지 발달

도구를 사용한 놀이다. 도구를 사용하면 인지 능력과 운동 기능 발달에 도움이 된다.

❶ 줄이나 리본 끝에 가벼운 장난감을 여러 개 묶고 그 줄의 다른 쪽 끝을 아이가 앉아 있는 유아용 의자 위에 묶는다. 그것을 의자에서 떨어뜨려 끈에 묶어 놓은 것들이 바닥에 부딪히며 내는 소리를 비교해 보자. 열쇠 같은 물건이 바닥에 부딪히는 소리와 고무로 만든 물건이 바닥에 부딪히며 내는 소리를 비교하면서 놀 수 있다.

❷ 이번에는 다시 줄을 잡고 끌어당기는 모습을 아이에게 보여 준다. 물건들이 사라졌다가 다시 나타나는 모습을 보며 아이들은 좋아한다. 몇 번의 시범을 보여 준 뒤에는 아이에게 스스로 떨어뜨리고 당겨 보게 한다.

후후 바람 놀이

아이의 기저귀를 갈아 주는 동안 부모의 얼굴을 이용해서 아이가 기대감을 갖고 기다릴 수 있는 재미있는 놀이를 할 수 있다.

❶ 볼에 바람을 넣어 잔뜩 부풀린 다음 아이 손을 부드럽게 잡고 엄마의 뺨을 눌러서 공기를 빼내게 한다. "후~, 엄마 입에서 바람이 후~했네!" 공기를 한 번에 다 뿜어내어도 좋고, 뺨을 가볍게 톡톡 치게 하여 그때마다 조금씩 공기를 뿜어내어도 좋다.

❷ 아이가 재미있어하면 이번에는 아이 발에다 대고 "후~" 하며 입바람을 불어 준다. 아이 얼굴이나 배, 손등 같은 데에도 입을 대고 입바람을 불어 줄 수 있다.

욕조 안에서 사물 놀이

언어·표현 발달

❶ 거품 비누나 면도용 크림, 목욕용 크림 등을 이용해 욕조 벽에 다양한 모양을 그린다. 아이와 함께해도 좋다.

❷ 벽에 그린 모양(사물)들의 이름을 말해 준 뒤, 아이가 샤워기나 수건을 이용해서 그림을 지우게 한다. "쓱싹쓱싹 닦지요. 반짝반짝 깨끗해져요"처럼 지우는 동안 신나는 청소 노래를 만들어 불러 준다.

❸ 글자를 이용해서도 이 놀이를 할 수 있다. 욕조 벽에 거품으로 글자를 하나씩 쓴 다음 그 소리를 가지고 놀면서 연습을 시키는 것이다. "아, 아, 아"나 "바, 바, 바"라고 과장되게 소리를 내면서 아이에게 여러분의 입안을 보여 주고(심지어 소리가 나는 곳에 손을 갖다 대거나 만져 보게 할 수도 있다.) 자음과 모음을 연습한다. 아이가 직접 해보고 싶어 하면 엄마는 잠시 멈추

어 아이가 소리를 내볼 수 있게 한다. 아이가 어떤 식으로든 시도를 하면 칭찬을 많이 해줘야 한다.

9개월쯤 되면 사물에 이름이 있다는 사실을 이해하기 시작한다. 익숙한 사물들이나 동물들의 이름을 자주 알려 주면 좋다. 아이가 비록 말을 하지는 못해도 이 언어를 이해하고 있다는 사실이 중요하다.

나는 무슨 동물일까?

신체·언어·표현 발달

동물들이 내는 소리와 움직임을 가르치는 놀이다.

❶ 아이를 방 한쪽에 안전하게 앉혀 놓고 부모는 반대편에 선다. 그리고 "개구리 간지럼!"이라고 말한 뒤 "개굴개굴!" 소리를 내면서 개구리처럼 깡충깡충 뛰어서 아이에게 다가가 간지럼을 태운다.

❷ 다음에는 "오리 간지럼!"이라고 외친 뒤 "꽥꽥!" 소리를 내면서 오리걸음으로 뒤뚱뒤뚱 다가가 아이에게 간지럼을 태운다.

❸ 그다음에는 "나비 뽀뽀!"라고 말한 뒤 날개를 퍼덕이면서 "팔랑팔랑" 아이에게 다가가 뺨에 가볍게 뽀뽀를 해준다.

"오리 간지렁~"
꽥 꽥
뒤뚱뒤뚱

순식간에 달라지는 변신 놀이

언어 · 인지 발달

아이들은 사물의 형태가 바뀌는 모습을 보며 좋아하는데, 이를 통해 인과 관계에 대해 배울 수 있다.

❶ "모양이 달라지는 장난감 찾기 놀이를 해볼까?" 집 안에서 풍선이나 접히는 공처럼 크기가 커지거나 작아지고, 길이가 길어지거나 짧아지는 장난감을 아이와 함께 찾아본다. 우산처럼 펼쳤을 때의 모습과 접었을 때의 모습이 극적으로 달라지는 물건도 좋다.

❷ 풍선 속 바람을 빼며 "큰 풍선이 작아진다!", 풍선에 바람을 넣으며 "풍선이 커진다!"처럼 변화하는 사물의 형태를 과장된 표정과 말투로 표현해 흥미를 유발한다. '커진다, 작아진다, 길어진다, 짧아진다, 열린다, 닫힌다'처럼 다양한 표현을 들려 줄 수 있다. 이 놀이에 익숙해지면 아이에게 풍선 속 바람을 빼보게 하는 등 참여시켜 보자. 말을 조금씩 할 수 있게 되면 "풍선이……"까지만 말하고 뒤잇는 말을 아이가 표현할 수 있는지 확인하며 놀 수도 있다.

안 보이는 상자

상자 안에 물건을 숨겨 촉감을 발달시키는 놀이다. 사물의 특성과 이름을 알려 줄 수 있어 언어 능력 발달에도 도움이 된다.

❶ 다 쓴 티슈 통이나 구두 상자에 작은 구멍을 만들어서 상자를 만든다. 이 놀이에서 중요한 것은 아이가 상자 안의 물건을 손으로 만져 볼 수는 있지만 눈으로 볼 수는 없다는 점이다.

❷ 상자 안에 공처럼 아이가 평소 좋아하는 장난감 혹은 소리 나는 장난감 중 하나를 넣어 둔 후 "상자 안에 뭐가 들어 있을까? 한번 만져 볼까?" 하며 아이와 함께 상자 안에 손을 넣어 만진다. 물건을 함께 만지며 "말랑말랑하다" "부드럽다" "소리가 나네"처럼 단순한 단어를 써서 물건의 느낌을 말해 준다.

❸ 충분히 만져 봤다면 "뭔지 이제 꺼내 볼까?" "아, 공이구나" "아, 곰인형이구나"라고 사물의 이름을 알려 준다.

❹ 익숙해지면 아이 혼자 상자 안에 손을 넣어 보게 한다. "안에 뭐가 들었어?"라고 묻고 꺼내 보도록 한다. 꺼낸 물건을 보고는 "아, 공이구나"라고 알려 준다.

❺ 다양한 촉감과 사물을 접할 수 있도록 날마다 상자에 다른 물건을 넣어 두면 더욱 좋다.

★놀이 플러스

7개월이 되면 손바닥이 아닌 손가락을 사용해 작은 물건을 집을 수 있을 정도로 근육이 발달한다. 상자 속 물건을 맞추는 놀이를 통해 손가락 사용을 보다 연습할 수 있다. 피아노 건반 치기나 작은 구멍에 손가락을 넣는 놀이도 좋다.

터널 놀이

다 쓴 휴지 속심은 대상 영속성을 가르치는 데 더 없이 좋은 놀이 도구다.

❶ 다 쓴 휴지 속심과 장난감 자동차나 작은 공을 준비한다. "이것 봐, 휴지 터 널이야. 구멍이 뻥 뚫려 있지? 자동차를 이 안에 넣으면 어떻게 될까? 한 번 해볼까?"

❷ "출발합니다~!" 휴지 터널 안으로 자동차를 굴려 넣는다. "와! 자동차가 반대편에서 나왔다!" 하며 사라졌던 자동차가 다시 등장하는 모습을 과 장하며 재미있게 알려 준다.

❸ 아이가 흥미로워하면 여러 차례 자동차가 터널을 통과하는 모습을 보여 준다. "다시 해볼까? 이번에는 네가 해볼래?" 하며 아이에게도 권한다. 아 이의 손을 잡고 함께 자동차를 휴지 터널 안으로 굴려 넣는다. 이때 "자동 차야, 안녕~" 하고 인사를 한다. 반대편으로 다시 나온 자동차를 보면서

"반가워, 자동차야~" 하고 인사한다.

❹ 자동차 대신 티슈나 작은 스카프 등을 활용해 놀이를 해볼 수 있다. 휴지 터널 안에 스카프를 넣어 놓은 뒤 아이에게 반대편 쪽에서 꺼내 보게 한다. 마술처럼 말이다. "와, 스카프가 나왔네! 대단하다!" 열광적인 반응을 보여 줘야 한다.

★놀이 플러스

휴지 속심에 입을 대고 말하면 목소리가 바뀐다. 터널 놀이 대신 휴지 속심에 대고 아이에게 말을 걸어 보자. 아이가 바뀐 목소리를 알아차리는지 살펴본다.

굴러라 굴러

신체·인지 발달

온갖 다양한 크기의 물건을 모은다. 다양한 모양의 물건을 굴려 봄으로 써 아이에게 사물의 형태와 기능에 관심을 쏟도록 가르칠 수 있다. 아이는 다양한 물건들이 저마다 다르게 굴러가는 모습을 관찰하며 즐거워할 것이다.

❶ 아이와 서로 마주 보고 앉아 동그란 사물들을 굴려 본다. 플라스틱 통, 다 먹은 음료수 병, 종이컵, 바나나, 건포도 등 어떤 것이든 상관없다.

❷ "통을 굴려 볼까?" 하며 한 번에 하나씩 굴린다. 통이 굴러 가면 "통이 데굴데굴 굴러간다" 하며 외친다. 구르지 않으면 "어? 이건 안 굴러 가네." 하고 말한다. 이 놀이는 아이가 경험하는 최초의 과학 실험이 될 것이다.

❸ 이번에는 아이에게 통을 굴려 보내면서 "통이 네 쪽으로 굴러가네. 통을 잡아요. 그렇지! 이번에는 통을 엄마한테 보내 볼래?" 하며 아이에게 엄마 쪽으로 굴려 보게 한다. 아이가 잘 해내면 "옳지. 잘했네. 이번엔 엄마가 다시 보낼게. 잘 받아 봐." 하며 주고받기 놀이를 한다.

❹ 이 놀이를 볼링 놀이로 발전시킬 수 있다. 플라스틱 병이나 다른 가벼운 물건들을 부모와 아이가 앉아 있는 곳에서 1~2미터쯤 떨어진 곳에 세운다. 그리고 병들을 향해 공을 굴려서 쓰러뜨려 본다. "하나 둘 셋!" 혹은 "준비, 시작" 등을 외치며 아이와 함께 공을 굴린다.

움직이는 장난감 쫓기

아이의 기는 운동을 독려하여 신체 발달을 도울 수 있다. 단 밥을 먹은 직후에는 삼가는 것이 좋다.

❶ 공이나 바퀴가 달린 장난감을 아이 손이 닿을락 말락 하는 곳에 놓아둔 후 아이에게 만져 보도록 한다. "와, 저 멋진 기차는 뭐지? 한번 만져 볼까?"

❷ 호기심이 생긴 아이는 장난감을 만지려 손을 뻗을 것이다. 아이의 손이 닿을 때마다 장난감이 조금씩 밀려나면 아이는 잡기 위해 계속 기어갈 것이다. 만약 그렇지 않다면 부모가 장난감에 끈을 달아 조금씩 뒤로 움직인다. "아이고, 놓쳤네. 다시 해봐!"

❸ 알록달록한 잡지 사진들을 잘 굴러가는 통에 붙여 굴려 보자. 손을 뻗어 잡으려고 할 때마다 통이 굴러가면서 각양각색의 사진들이 나오는 까닭에 아이의 흥미와 의욕이 더욱 높아질 것이다.

❹ 아이들은 터널 안을 기어 다니는 걸 좋아한다. 터널 놀이로도 기는 활동을 유도할 수 있다. 부모가 다리를 넓게 벌려 직접 터널을 만들어 주거나, 커다란 놀이 매트나 종이 상자를 접어 터널을 만들어 준다. "와, 우리 집에 터널이 생겼다! 지나가자!" 신이 난 목소리로 아이에게 권한다. 터널 입구 반대 방향에서 아이를 불러도 좋다. "엄마, 여기 있네. 이쪽으로 와봐~!"

★주의해야 할 사항

이때 기억해야 할 사항은 같은 월령의 아이일지라도 모든 아이가 신체적으로 길 수 있는 건 아니라는 사실이다. 아직 준비가 되지 않은 상태에서 기기를 강요한다면 부모와 아이 모두 좌절감만 느낄 수도 있다.

9~12개월
아이를 위한 발달놀이

도구를 사용하는 데 익숙해지는 시기다. 장난감 방망이로 북을 치거나, 낚시대로 물고기를 낚거나, 숟가락으로 음식을 떠먹는 등 도구를 활용할 수 있다. 이는 유아 발달 과정에서 대단히 중요한 단계로 이 기간 동안 최대한 장려해야 한다.

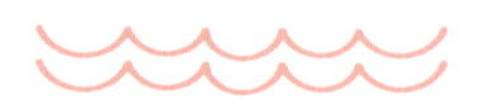

이 시기 아이들은
무엇을 할 수 있을까?

이 시기의 아이들은 혼자 앉아서 엉덩이를 꿈틀대며 앞으로 나아가거나, 엎드려서 기어 다니거나, 팔꿈치를 바닥에 대고 다리를 이용해 몸을 앞으로 미는 등 이동이 가능해진다. 12개월에는 소파를 잡고 일어서 걸을 수도 있다. 물론 뭐가 위험한지는 전혀 모르는 채 세상에 대한 호기심을 충족시키는 데만 정신이 팔려 있으므로, 아직 설치가 안 되어 있다면 지금이야말로 집 전체에 아이를 위한 안전장치를 설치해야 할 때다.

의사소통이 활발해진다

생후 9~12개월 사이의 아이는 알아듣는 말들이 부쩍 늘어난다. 예를 들어 "안 돼!"라고 말하면 하던 일을 멈추는 반응을 보이고, 자신의 이름을 누군가 부르면 고개를 돌려 쳐다본다. "엄마" "아빠"라는 말을 알아듣고 말할 수 있기도 하다. 생후 12개월 무렵이면 "바이바이" "뽀뽀~"처럼 간단한 지시도 따를 수 있다. 다양한 몸짓을 사용해 자신의 의사를 전달하기 시작하는데, 기분이 좋을 때는 박수를 치기도 하고, 싫을 때는 싫다고 고개를 젓기도 한다.

마음에 드는 장난감이 있으면 들어 올려 부모에게 보여 주면서 자신의 즐거움을 함께 나누려고 한다. 흥미로운 물건이나 자기가 원하는 물건을 가리키기도 하는데, 아직은 자기 가까이에 있는 것들만 가능하다. 또 포옹이나 코 비비기, 쓰다듬기, 뽀뽀 등을 통해 부모에게 애정을 표현한다.

도구를 사용할 수 있다

6~15개월 아이들은 도구를 사용하는 데 익숙해진다. 장난감 방망이로 북을 치거나, 낚싯대로 물고기를 낚거나, 숟가락으로 음식을 떠먹는 등 도구를 활용할 수 있다. 이는 유아 발달 과정에서 중요한 단계이므로 이 기간 동안 최대한 장려해야 한다.

가상 놀이를 시작한다

아이들은 이제 가상 놀이의 개념을 이해하기 시작한다. 주방용품이나 전화기 등 일상생활에서 사용하는 물건을 본떠서 만든 유아용 장난감을 사주기에 적당한 시기다. 가상 놀이를 통해 아이들은 어른의 행동을 학습하고 연습한다. 인형에게 밥을 먹이거나 재우는 놀이를 하거나 세탁물 바구니에 타고 운전하는 놀이를 하거나, 장난감 주방용품으로 요리를 하며 즐거워한다.

우스꽝스러운 장면을 보면 웃음을 터트린다

생후 6개월 무렵의 아이들은 우스꽝스러운 사건이 발생하면 일상적인 사건에 비해 그쪽을 오래 주시하기는 하지만 부모가 웃어야만 비로소 따라 웃는다. 하지만 생후 1년쯤 되면 대부분의 아이들이 부모가 웃지 않아도 우스꽝스러운 사건을 보게 되면 웃음을 터트린다. 이 시기 아이가 더 많이 웃을 수 있도록 도와줌으로써 아이의 유머 감각을 발달시킬 수 있다. 부모가 아이의 신발을 신으려고 낑낑대거나 신발을 모자처럼 머리에 쓰는 등 엉뚱한 행동을 하면 아이는 깔깔 웃음을 터뜨릴 것이다.

부모와 떨어지는 게 두렵다

눈에 보이지 않으면 곧 잊어버리기 때문에 태어난 지 얼마 되지 않은 아이들은 자기 부모와 떨어져도 그리 힘들어하지 않는다. 하지만 개월을 거듭할수록 부모와 떨어지는 걸 힘들어하기 시작한다. 이는 매우 정상적인 일이며, 부모와 떨어져야 하는 상황이라면 아이를 안심시켜 줘야 한다. 이때 꼭 지켜야 하는 주의 사항이 있다.

첫째, 절대 아이 몰래 빠져나가서는 안 된다. 항상 "안녕, 엄마 잠깐 볼일 좀 보고 올게"처럼 인사를 하여 당신이 꼭 돌아올 것이라는 걸 알려야 한다. 그렇지 않을 경우 아이는 부모가 갑자기 떠나 버릴지도 모른다고 의심하여 불안해할 수 있다.

둘째, 아이가 새로운 상황이나 장소, 혹은 새로운 사람에게 충분히 익숙해질 때까지 아이 옆에 있어 줘야 한다. 아이들은 부모가 자신을 세상으로 이끌어 주는 존재라는 걸 인지하기 시작해 부모를 통해 그 상황이나 장소, 인물에 대해 받아들인다. 부모가 그 장소를 좋아하거나 그 사람을 좋아하는 걸 알게 되면 좀 더 편안함을 느낀다.

셋째, 아이에게 부모를 대신할 수 있고 부모가 꼭 되돌아올 것임을 의미하는 어떤 물건을 준다. 아이가 좋아하는 담요나 인형 등이 그런 물건이 될 수 있다.

이것만은 반드시!

모든 아이들은 발전 속도가 제각기 다르지만 생후 12개월 된 아이가 다음과 같은 모습을 보이면 의사와 상담을 해야 한다.

- 이전에 습득한 능력이나 말을 잊어버린 것 같다.

- 별로 웃지 않고 무표정하게 있는 경우가 많다.

- 사람들에게 관심이 없어 보이며 시선을 마주치지 않는다.

- 가리키기나 거절의 뜻으로 하는 도리질 같은 몸짓을 전혀 사용하지 않는다.

- 밀접한 접촉이나 포옹을 피한다.

- 30분 이상 울음을 그치지 못한다.

- 부모가 하는 동작이나 소리를 흉내 내려고 하지 않는다.

엄마는 안심,
아이는 즐거운!

9~12개월 발달놀이

자장자장 놀이

언어 · 정서 발달

잠잘 때마다 노래를 들려줌으로써 언어 발달을 도울 수 있다. 더욱이 잠 들기 전에 들려주는 노래는 아이의 마음을 편안하게 만든다.

❶ 문장이 짧고 어구가 반복되는 노래 중에서 평소 아이가 관심을 보였던 3곡을 선정한다. 각 노래를 표현한 그림 카드를 하나씩 만든다. 예를 들어 〈반짝반짝 작은 별〉은 별 그림을, 〈섬 집 아기〉는 섬 그림을 그리는 식이다.

❷ 각각의 그림 카드들을 하나씩 보여 주면서 해당하는 자장가를 불러 준다. 이에 익숙해진 뒤에는 아이에게 동시에 두 그림을 보여 주면서 듣고 싶은 노래를 선택하게 한다. "'반짝반짝' 불러줄까? 아님 '엄마가 섬 그늘에' 불러 줄까?" 물어 아이가 그림 중에서 하나를 선택하게 한다.

❸ 선택한 노래를 불러 주며 아이의 몸을 다독이거나 쓰다듬어 준다.

내가 만든 책 읽기

언어·인지 발달

우리 아이만을 위한 책을 만들어 보자. 아이가 좋아하는 음식이나 아이가 좋아하는 장소의 사진을 이용해 책을 만들 수 있다.

❶ 아이가 좋아하는 동물 사진을 모아, 한 페이지마다 하나씩 붙인다. 완성된 책을 아이와 함께 보면서 "우와, 기린이다. 저번에 동물원 가서 보고 신기해했지? 목이 엄청 길었지?" 하며 이야기를 건넨다. 페이지를 넘길 때마다 등장하는 동물에 대해 관련 경험이나 특징들을 들려준다.

❷ 아이가 좋아하는 장소 사진을 모아 한 페이지마다 하나씩 붙인다. 놀이 전에 "오늘은 어디에 가볼까? 여기에 네가 좋아하는 장소들이 다 들어 있어. 함께 떠나 볼까?" 하며 흥미를 유발한다. 이때 역시 장소마다 관련 경험이나 특징들에 대해 이야기를 들려준다.

❸ 앞으로 아이가 겪을 일과를 그림책으로 만들어 보여 주어도 좋다. 특히 어린이집에 맡길 때처럼 아이가 힘들어하는 일과를 책으로 만들면 좋다. 아

이를 품에 안고 이 일과가 어떻게 진행될 것인지, 어떤 감정들을 느낄 수 있는지 등을 미리 인지시키고 마음의 준비를 시킬 수 있다. "내일부터 어린이집에 갈 거야" "앞으로 다닐 어린이집은 이렇게 생겼어" "거기에 가면 친구들이 아주 많이 있어. 좋은 선생님들도 있고. 함께 노래 부르고, 춤도 추고, 맛있는 것도 먹으며 신나는 시간들을 보낼 거야" "어때? 신나겠지? 그런데 어린이집에는 우리 아기 혼자 있어야 해. 엄마는 우리 아기를 데려다 주고, 신나게 다 놀고 나면 데리러 갈 거야."처럼 말이다.

★주의해야 할 사항

책을 읽어 주면 좋다는 생각에 무리해서 시도할 필요는 없다. 아이의 흥미에 맞춰서 아이가 원하는 만큼 읽어 주는 게 포인트다. 몇 권을 읽어 줘야 좋다거나, 얼마나 읽어 줘야 한다는 건 없다. 또 책의 내용을 그대로 다 읽어 줄 필요도 없다. 간단히 보이는 단어와 짧은 문장 정도만 읽어 줘도 충분하다.

조물조물 과일

아이들은 감각을 통해 세상을 배워 나가기 때문에 이를 자극하는 놀이는 아이의 발달에서 매우 중요하다. 음식으로 다양한 오감 놀이를 할 수 있다.

❶ 다양한 음식으로 촉감 놀이를 해보자. 귤, 두부, 국수, 튀밥 등 가급적 다양한 질감의 음식을 경험해 볼 수 있도록 준비한다. 아이가 마음껏 으깨고, 던지고, 두드리며 경험해 보게 한다. "느낌이 어때? 두부는 부드럽고, 귤은 과즙이 뿜어져 나오네" 하는 식으로 말로도 표현해 준다.

❷ 손만이 아니라 발로도 만져 보는 등 다양한 신체를 활용해 만져 보게 한다.

❸ 푸딩이나 요거트로 오감 놀이를 할 때는 그림 그리기 활동도 할 수 있다. "그림을 그려 볼까? 이렇게 손으로 짠! 동그라미네!"

- -

★놀이 플러스

완두콩처럼 크기가 작은 음식(목에 걸릴 위험이 없는 것)을 줘서 아이의 소근육 발달을 촉진할 수 있다. 작은 음식을 한 번에 하나씩 집는 방법을 보여 준다. 이때는 아이가 삼키지 않도록 눈을 떼지 않고 잘 지켜봐야 한다.

★주의해야 할 사항

먼저 어떻게 하는지 시범을 보인 후 따라 하게 하다가 아이가 스스로 잘해 내면 부모는 보조 역할만 해줘도 충분하다. 반드시 먹어도 안전한 것으로만 해야 한다.

어느 손에 있을까?

인지 발달

아이가 보는 앞에서 물건을 숨긴 뒤 찾아보게 함으로써 문제 해결 능력을 높이는 놀이다.

① 작은 과자나 장난감을 아이가 보는 앞에서 한쪽 손 안에 감춘다. 그런 다음 양손을 등 뒤로 숨겼다가 주먹 쥔 상태로 아이 앞에 내밀어 "장난감이 어디로 갔지? 엄마가 어디에 숨겼지?" 하며 찾아보도록 유도한다.

② 아이가 한쪽 손을 만지거나 그쪽을 향해 손을 뻗는다면 주먹 쥔 손을 펼쳐서 안을 보여 준다. "왼손에 있을까? 한번 보자. 어? 없네" 만약 그 손이 비어 있으면 아이는 다른 쪽 손으로 관심을 돌릴 것이다.

③ "그럼 오른손? 짠~! 여기 있었네! 잘했어~!" 오른쪽, 왼손 번갈아 가며 단순한 패턴으로 과자를 숨긴다. 부모가 이쪽저쪽으로 숨기는 손을 바꾼다는 사실을 아이가 알아차리기 시작하는지도 살펴본다. 아이가 처음 지목한 손에 과자가 있으면 상으로 과자를 아이에게 건넨다.

여보세요 놀이

언어·생활 발달

전화 놀이는 아이들에게 재미있는 가상 놀이 중 하나다.

❶ 컵이나 장난감 전화기 등을 이용해서 전화 놀이를 시작한다. "따르릉 따르릉" 소리를 낸 뒤 전화기를 집어 들고 "여보세요?" "아, 안녕하세요, 할아버지! 아이를 바꿔 달라고요?" 하며 아이에게 전화기를 건네준다.

❷ 그런 다음 아이가 실제 통화를 하듯 "안녕, 할아버지!"라고 말하도록 유도한다(아니면 그냥 "바~바~바" "다~다~다" 같은 옹알이라도 하게 한다.). 이런 전화 놀이는 아이들이 처음 배우는 가상 놀이 중 하나다.

❸ 엄마와 통화를 나누는 척 놀이해도 좋다. "안녕? 엄마야. 아까 엄마가 준 간식은 맛있었니?" 아이가 반응을 하면 "아, 그렇구나. 엄마가 다음에도 또 만들어 줄게."처럼 대화를 이어 나간다.

이야기 그림

아이들은 부모가 이야기를 하면서 그림 그리는 모습을 대단히 흥미로워
한다.

❶ 이야기를 하면서 그림을 그려 준다. "동그라미, 동그라미, 눈, 코, 입……,
이것 봐, 눈사람이 됐네!" 이렇게 말을 걸며 그림을 그려 보여 준다. 아이
와도 함께 해본다. "엄마랑 함께 눈사람을 다시 그려 볼까?"

❷ 큰 지퍼백에 물감을 넣고 잠근다. 아이에게 "손가락으로 물감을 퍼뜨려 보
자" 하며 손가락으로 물감을 문지르거나 지퍼백 안에서 물감을 으깨는 방
법을 알려 준다.

❸ 이번에는 플라스틱 접시에 물감을 풀고 구슬에 물감을 묻힌다. "구슬에 물
감을 묻혀 보자. 엄마랑 같이 해볼까?" 그런 뒤 뚜껑이 달린 작은 상자 내
부에 종이를 붙이고, 아이에게 물감을 묻힌 구슬을 넣게 한다.

❹ "구슬을 이 상자에 넣어 보자. 그리고 신나게 흔드는 거야" 아이에게 상자를 마음껏 흔들어 보게 한다. 상자 안에 든 구슬이 움직이면서 그림이 그려질 것이다. "짠~ 어떤 그림이 나왔지? 구슬이 지나간 자리마다 그림이 그려졌다~!" 하며 상자 내부에 그려진 그림을 아이와 구경한다.

★주의해야 할 사항

언어 발달은 많이 듣는다고 저절로 이루어지는 것이 아니다. 텔레비전이나 라디오가 아이의 언어 발달을 향상시키지 못하는 이유다. 상호 작용이 있을 때 효과가 있다는 사실을 꼭 명심해야 한다.

코에 쪽, 볼에 쪽

신체·언어·인지·정서 발달

신체 부위를 찾으며 뽀뽀하는 놀이를 통해 신체 부위의 명칭을 알려 줄 수 있다.

❶ "코가 어디 있지?"라고 물은 뒤 코에 뽀뽀를 해주면서 "우리 아이, 코가 여기 있네! 코에 뽀뽀하자"라고 말한다.

❷ 귀, 뺨, 턱, 머리카락, 이마, 팔, 손 등 신체 다른 부위에도 이를 반복한다. 그러다 놀이 마지막에 "배는 어디 있지?"라고 물으면서 배를 간질인 다음 "여기 있네!"라고 외치면서 놀이를 마무리한다. 배를 물어볼 때만 간지럼을 태울 경우 아이는 이를 특별한 경험으로 인식하게 된다. 그러고 나면 아이는 부모가 그 특별한 질문을 언제 할지 기대를 하며 기다리게 되는데, 이는 놀이의 재미를 향상시킨다.

❸ 이 놀이에 익숙해진 뒤에는 부모가 질문을 던졌을 때 해당하는 신체 부위를 아이에게 가리켜 보도록 한다. "엄마 코는 어디 있지?"라고 물어 아이

가 엄마 코를 가리키도록 유도하거나 코를 아이 입술 가까이 갖다 대서 아이가 뽀뽀를 할 수 있도록 한다. 아직 정확히 대답하지 못할 때는 엄마가 도와주자.

★놀이 플러스

아이에게 그림이나 사진을 보면서 이름을 알려 줄 때 한 번에 여러 개를 알려 주면 사물의 이름을 인지하기 어려워진다. 예를 들어 "여기 포도가 있네. 이건 사과고, 이건 오렌지야" 이렇게 말하기보다 "이건 포도!" "이건 사과!" "이건 오렌지!" 이렇게 단문으로 알려 줘야 한다.

상자에 넣고 꺼내기

아이들은 가득 넣었다가 비워 내는 것만으로도 즐거워한다. 이런 놀이를 통해 자연스럽게 소근육 발달을 꾀할 수 있다.

❶ 작은 상자와 상자를 가득 채울 만큼의 장난감을 준비한다. 그리고 상자에 장난감을 하나씩 넣는다. "자, 장난감을 하나씩 넣어 볼까? 오리를 넣고, 공을 넣고, 자동차를 넣고~, 어때? 같이 해볼까?" "와, 다 넣었다! 상자가 가득 찼다! 박수! 짝짝짝!" 하며 놀이를 유도한다.

❷ 상자에 장난감을 다 넣은 뒤에는 "이제 상자를 다시 비워 볼까? 우르르~ 장난감들이 모두 나왔네" 하며 상자를 쏟아 비워 낸다. 아이는 쏟아지는 장난감들을 보며 좋아할 것이다.

❸ 이때 한꺼번에 쏟아서 비우는 방법도 있지만 넣었을 때처럼 하나씩 꺼내는 것도 좋은 방법이다. "자, 이제 다시 밖으로 꺼내 볼까? 뭐부터 꺼낼까? 오리를 꺼내고, 공을 꺼내고~" 하며 꺼내는 모습을 보여 준다. 익숙해진

뒤에는 "개구리를 먼저 꺼낼까? 아님 오리를 먼저 꺼낼까?" 하고 묻는다.
아이가 원하는 것부터 차례로 꺼내며 상자를 비우도록 한다.

★놀이 플러스

이 놀이를 하며 '넣다, 꺼내다, 담다, 쏟다, 차다, 비다, 안, 밖'과 같은 개념을 가르칠 수
있다.

나는야, 소리 탐정

사물에서 나는 다양한 소리를 통해 재미있는 놀이를 할 수 있다. 소리를 들려주면서 자연스럽게 "윙윙" "주르륵" "콸콸"처럼 다양한 의성어와 의태어를 알려 줄 수 있다. 소리나 모양을 표현할 때 이에 유의하여 말을 걸어 주자.

❶ 소리가 나는 도구들을 찾아 아이에게 들려준다. "진공청소기를 누르면 '윙윙' 소리가 나네. 깨끗하게 집 먼지를 청소해 주고 있는 소리야" "피아노를 누르면 '땡똥' 소리가 나지? 그런데 이 건반이랑 저 건반이랑 소리가 다르네. 엄마랑 같이 눌러 볼까?" "수도꼭지를 틀면 물이 나오면서 '콸콸' 소리가 나네. 물이 많이 나올수록 소리가 세지지?" "문을 열고 닫을 때는 무슨 소리가 날까? 베란다 문을 열 때는?" 하면서 집 안 곳곳에서 나는 소리들을 들려준다.

❷ 친숙한 여러 가지 소리를 녹음해 뒀다가 저녁 준비를 하거나 샤워를 할 때 들어 준다. 소리가 하나씩 날 때마다 "젖소 소리가 들리네!" "고양이 소리가 들려!" "목욕물이 찰랑거리는 소리가 들린다!" "자동차 소리가 들리네!" "전화벨 소리가 들려!"라고 말한다.

슛~ 골인!

신체 발달

세탁물 바구니 같은 커다란 바구니를 아이 바로 앞에 놓아두고 농구를 하듯 공을 던져 대근육 운동을 꾀할 수 있다.

❶ 종이를 구겨서 직접 공을 만드는 방법을 아이에게 알려 준다. 그것 자체만으로도 재미있어할 것이다.

❷ 공을 던져서 바구니에 넣는 모습을 보여 주고 "던졌습니다! 골인입니다!" 혹은 "저런, 빗나갔군요!"라고 말하며 과장되게 반응한다. "자, 한번 해볼까? 이렇게 공을 잡고 슝~ 던지는 거야" 하며 역할을 바꾸어 아이에게도 공을 던져 보게 한다. "그렇지, 아주 잘하네" 하며 칭찬과 격려를 해준다.

❸ 처음에는 바구니를 가까이에 두고 시작하지만, 조금씩 더 먼 곳에 둬서 난이도를 올릴 수 있다.

층층 컵 쌓기 놀이

10개월 무렵이 되면 자유롭게 양손을 사용하며 자신의 목적에 따라 행동할 수 있게 된다.

❶ 서로 다른 크기의 컵들을 겹쳐 쌓는 모습을 보여 준다. "큰 컵은 아래에, 중간 크기의 컵은 그 위에, 제일 작은 컵은 맨 위에, 짠~ 완성!" 이렇게 쌓아 올리며 '쌓는다, 올린다, 내린다'와 같은 단어를 연습할 수 있다. "자, 우리 아이도 해볼까? 이 컵을 여기에 쌓으면 2층이 돼! 이 컵은 어디에 놓을까? 올릴까? 내릴까? 네가 직접 해볼래?"처럼 말이다.

❷ 컵을 다 쌓고 나면 무너뜨린다. "탑을 무너뜨려 보자. 그렇지! 힘차게 뺑! 와르르 무너졌네" 손으로도 좋고 아이의 겨드랑이를 잡고 안아 주어 발로 차보게 해도 좋다.

❸ 다시 컵을 쌓으며 컵마다 색이 다르다면 "빨간색 컵 위에 노란색 컵을 쌓고~" 하면서 색 이름을 같이 알려 줄 수도 있다. 아이와 번갈아 가며 탑을

쌓고 무너뜨려 보자.

★놀이 플러스

높이 쌓은 컵을 무너뜨릴 때 아이는 쾌감을 느끼는데, 이는 아이의 정서 발달에 도움
이 된다.

7부

1~3세 아이를 위한 발달놀이

혼자서 걷기 시작하고 두 손을 자유롭게 움직이면서 아이는 인식의 시야가 확장된다. 자라난 몸과 마음, 머리만큼 떼도 부쩍 늘어나는 '육아의 블랙홀' 시기이기도 하다. 부모는 두 가지 이상의 활동을 동시 진행하여 뇌를 활성화시켜 줄 수 있다. 또 따뜻한 사랑과 스킨십으로 정서적 안정감과 감정 처리 능력 발달을 도울 수 있다.

엄마는 안심,
아이는 즐거운!

1~3세 발달놀이

안녕! 잘 가~

언어·생활·정서 발달

여러 가지 상황 속에서 일어나는 인사를 놀이처럼 해볼 수 있다. 특히 잠에 들거나 잠에서 일어나는 시간은 이를 연습하기에 안성맞춤이다. "안녕"은 만나는 경우에 보내는 신호고, "잘 가"는 헤어질 때 하는 신호라는 걸 가르칠 수 있다.

❶ 잠자리에 들기 전 아이를 안고 방 안을 돌아다니면서 아이가 좋아하는 인형이나 가족(가족사진이어도 좋다.) 앞에 멈춰 서서 인사를 건넨다. "잘 자요, 아빠" "잘 자, 강아지야" "잘 잤어요, 할머니(할머니 사진을 향해)"

❷ 매일 아침 혹은 자고 일어날 때마다 이 놀이를 반복한다. 어느 정도 익숙해지면 "잘 잤어요……"라고 말한 뒤 말을 멈추고 아이가 뒷말을 이어서 할 수 있는지 살펴본다. "아빠"라고 말하거나 하다못해 "아"라는 소리라도 내는지 살펴보는 것이다. 아이가 잘 해내면 꼭 껴안아 주는 등 아이가 가장 좋아하는 애정 표현을 해준다.

❸ "잘 잤어요, 아빠"에서 아빠라는 말을 아이가 떠올리지 못한다면, "잘 잤어요, (1, 2초 정도 말을 멈춘다.) 아……"까지 말해서 단어를 상기시켜 준

뒤 그 말을 끝까지 마무리하는지 기다린다. 아직 아이가 말을 못한다고 해도 괜찮다. 아이가 이런 단어들을 지속적으로 접한다는 사실이 중요하다.

❹ 다양한 사물에 적용해 인사 놀이를 해볼 수 있다. 예를 들어 하루 일과가 끝나고 장난감을 정리할 때, 원래 들어 있던 상자에 하나씩 넣으며 "잘 가, 블록아! 오늘 재미있었어"라고 인사한다.

★**놀이 플러스**

놀이터에서 만난 친구들이나, 가족과도 인사 놀이를 한다. "어, 친구가 나와 있네. 안녕, 오빠!" "안녕, 동생아" 하고 반갑게 인사를 한다. 이에 익숙해지면 양보를 받거나 문제가 생겼을 때 "고마워" "미안해" 등 상황에 맞는 인사를 할 수 있도록 가르친다.

★**주의해야 할 사항**

어떤 아이들은 잠에서 깬 뒤에도 몇 분간 몸을 제대로 가누지 못하고 졸려하기 때문에 완전히 깰 때까지 기다려 줘야 한다. 아이의 습관에 따라 달라지겠지만 이런 식으로 해볼 수도 있다. 아이를 안아 올린 다음 잠이 완전히 깰 때까지 몇 분 동안 무릎에 앉히고 안아 준다. 아이가 배가 고플 시간이면 우유를 먹인 뒤 놀이를 해보자. 아이의 컨디션이 안 좋거나 너무 피곤해할 경우에는 해서는 안 된다.

빵빵! 담요 산책

담요에 태워서 끌고 다니는 놀이로, 아이들이 아주 좋아한다. 아이가 담요에서 떨어지지 않도록 천천히 끌어야 한다. 단 아이가 좋아하는 기색을 보이면 속도를 약간 높이는 등 아이가 원하는 속도를 유지하는 게 좋다.

❶ 담요 위에 아이를 앉힌 다음, 담요를 끌며 방 안을 돌아다닌다. "준비, 출발! 슝~"이라는 말을 하며 놀이의 시작을 알리고, 멈출 때는 "도착!"이라는 말을 한다.

❷ 아이를 담요에 태우고 돌아다니며, 아이와 가본 곳을 떠올려 봐도 좋다. "여기는 집 앞 공원입니다. 그네가 있어요. 와, 꽃이 폈네요!" 하면서 상상력을 자극하는 것이다.

❸ 놀이에 익숙해진 뒤에는 중간 중간 움직임을 멈추어 아이가 "출발(혹은 가!)"이라고 말하거나 몸짓으로 표현하는지 살핀다. "준비……"까지만 말한 뒤 말을 멈추어 아이가 "출발" 혹은 "가"라고 이어 말할 수 있도록 유도해 보자. 아직 말을 하지 못한다면 출발을 뜻하는 신호를 만들어서 적용해

도 좋다.

❹ 이 놀이를 하며 '빨리, 천천히'의 개념을 가르쳐 줄 수 있다. 아이를 매우 느린 속도로 끌어 주면서 "천~천~히~, 천~천~히"라고 느리고 차분하게 말한다. 그런 다음 "이제 우리 빨리 가볼까?"라고 말하면서 흥분되고 빠른 목소리로 "빨리! 빨리!" 하고 외치는 것이다. 이때도 역시 아이가 즐거워할 정도로만 속도를 높여야 한다. 아이에게 "빨리 가고 싶어? 천천히 가고 싶어?" 하고 물으며 언어 연습을 시킬 수도 있다.

오늘 참 행복했어

세 가지 이상의 일을 아이에게 상기시켜서는 안 된다. 취침 시간 혹은 심지어 낮잠 시간만 되어도 아침 나절에 했던 활동은 먼 기억이 되어 있을 수 있다.

❶ 잠자리에서 아이와 나란히 누워 (혹은 앉아서) "오늘 친구를 만났었지" "오늘 아주 커다란 미끄럼틀을 탔지" "할아버지 할머니가 오늘 놀러 오셨지" 등 그날 하루 있었던 일들 가운데 특별한 일들을 떠올려 이야기를 해준다.

❷ 날마다 사진을 몇 장 찍어 뒀다가 잠자리에서 아이에게 보여 주며 그날 있었던 즐거웠던 일들을 이야기해 주면 아이가 기억을 떠올리는 데 도움이 된다.

❸ 할아버지, 할머니와 웃음을 터뜨리는 모습, 아이를 향해 미소 짓는 사진을 보여 주며 "할머니가 즐거워하시네" 하고 사진에 대해 설명해 준다. 다만 간단하게 설명해야 한다.

기저귀 놀이

신체 · 언어 · 인지 · 정서 발달

억지로 아이에게 말을 시키려고 해서는 안 되지만 풍부하게 언어 자극을 주는 것은 중요하다. 기저귀를 갈며 자연스럽게 다양한 언어 자극을 줄 수 있다.

1. 기저귀를 갈며 접착 부분을 만지게 한 뒤 "끈적거려"라고 말한다. 이와 비슷한 감각을 느낄 수 있는 테이프의 접착 부분을 아이에게 만지게 한 뒤 "끈적거려"라고 말해 준다.

2. 기저귀를 갈 때 사용하는 물티슈의 감촉을 느끼게 한다. "축축해"하고 말한다. 손을 씻은 뒤 젖은 아이의 손을 만지며 "축축해"라고 말한다.

3. 대부분의 아이들은 쓰레기통에 물건을 버리는 걸 좋아한다. 기저귀를 간 뒤 아이에게 "이 기저귀 좀 쓰레기통에 버려 줄래?"라고 말한다. 기저귀를 버리기 위해서는 쓰레기통을 열고, 닫을 수도 있어야 한다. 아이가 제대로 해내는지 확인한다. 못한다면 옆에서 시범을 보이거나 도와준다. 심부름 후에는 꼭 "고마워!" 하고 칭찬을 해준다.

14~16개월부터는 일상에서 자주 듣는 간단한 심부름을 이해하고 할 수 있어야 한다. 대개 부모들은 얼마나 말을 잘하느냐로 아이의 언어 발달을 판단하기 쉽다. 그러나 이보다 언어를 얼마나 이해하는지에 대한 언어 이해력에 포인트를 맞춰야 한다. 말을 할 수 있느냐보다 충분히 표정과 몸짓으로 의사를 표현할 수 있느냐가 중요한 것이다.

빨간 옷 입을까? 파란 옷 입을까?

언어·인지·정서 발달

❶ 몇 가지 옷을 펼쳐 놓고 "빨간 윗도리를 입을까? 아니면 파란색? 바지는 어떤 걸로 입을래?"라고 묻는다. 아이는 자신의 의사소통 능력 수준에 맞춰 원하는 쪽으로 손을 뻗치거나 손가락으로 가리킬 것이다. 혹은 "빨간 거" "리본"처럼 특징을 묘사하는 식으로 자신의 선택 사항을 전달할 수도 있다.

❷ 아이가 옷을 선택하면, "아, 리본 달린 파란색 윗도리를 입고 싶구나" 하며 아이의 의도를 정리해 문장으로 다시 말해 준다. 이때 아이가 고른 옷이 마음에 들지 않더라도 아이의 선택을 존중해 줘야 한다. 아이에게 선택의 기회를 다양하게 줄수록 아이의 자아감이 발달한다.

입고 벗고 놀이

옷을 입고 벗기는 시간을 통해 '입다, 벗다'와 같은 동작 표현과 옷 이름, 신체 개념을 가르치는 놀이를 할 수 있다.

❶ 아이의 옷을 벗기기 전에 "지금 양말을 신고 있네"라고 말한 뒤 양말을 벗긴다. "이제 벗었다! 와! 작고 사랑스러운 발이 나왔네!"라고 말한다. 그런 후 발바닥에 뽀뽀를 해주거나 발을 간질인다.

❷ 아이의 윗도리를 벗기기 전에 "지금 윗도리를 입고 있네"라고 말한 뒤 벗긴다. "이제 윗도리를 벗었다! 와, 이 볼록한 배 좀 봐. 정말 사랑스러운 배다!"라면서 뽀뽀를 하거나 간질이거나 배에 대고 입바람을 불어 준다.

❸ 아이가 단어를 말할 수 있게 되면 윗도리를 벗길 때 "이제 윗도리를……" 이라고 말한다. 그리고 잠시 말을 멈추고는 아이가 "벗었다"라고 말할 때까지 기다린다. 아이가 그 말을 하지 않으면 아이 대신 "윗도리를 벗었다!"라고 말하며 말을 끝맺는다.

신체 숨바꼭질

언어 · 인지 · 정서 발달

아이에게 새 옷을 갈아입히는 상황을 숨바꼭질 놀이처럼 만들어 보자.
옷 입는 시간은 아이에게 신체 부위를 나타내는 단어와 대상 영속성을
가르치기에 아주 좋은 시간이다.

❶ 옷을 입히며 스포츠 중계를 하듯이 "자, 잠옷이 머리 위로 들어갑니다!"라
고 말한다. 그리고 잠옷을 아이 머리 위에 씌워서 얼굴이 보이지 않게 되
면 이렇게 말한다. "세상에! 우리 아이가 어디 갔지?" 그런 다음 잠옷을 아
래로 당겨서 머리가 빠져나오게 하고는, "여기 있네! 우리 아이가 여기 있
어!" 하고 기뻐한다.

❷ 팔을 옷에 집어넣으며 "저런! 아이 팔이 어디 갔지? 대체 어디 간 거야?"
라면서 호들갑을 떤 뒤(연기를 과장되게 해서 정말 놀라거나 당황한 것처럼
보일수록 좋다.) 한쪽 팔을 빼내며 "와, 여기 있었구나! 아이 팔이 여기 있
네!" 하며 기뻐한다. 이런 식으로 계속 옷을 입힌다.

❸ 아이가 옷을 다 입은 뒤에도 계속 놀이에 관심을 보이면 옷이나 수건 뒤에

엄마 얼굴이나 인형을 숨기는 등 놀이를 발전시킬 수 있다. "우리 아이 인형이 어디로 갔지? 커튼 뒤에 숨었나? 없네. 그럼 침대 밑에 있나? 그럼 서랍 속에? 아, 여기 있었구나! 우리 아이 인형이 여기 있네!" 찾았을 때 보이는 부모의 흥분과 기쁨이 놀이에 대한 아이의 의욕을 강화하고 재미를 느낄 수 있게 해준다.

내 짝을 찾아줘

언어·인지 발달

13개월부터 색, 모양, 크기 등의 특성에 대한 시각 변별 능력이 발달해 똑같은 물건을 찾아 낼 수 있다. 이를 활용해 똑같다, 다르다 짝찾기 놀이를 해보자.

❶ 아이 눈앞에 갈아입을 옷들을(양말, 스웨터, 바지 등등) 늘어놓고, 아이에게 손을 내민 채로 "가서 양말 좀 가져다줘"라고 부탁한다. 아이가 양말을 가져온다면 설령 한 짝만 가져왔을지라도 칭찬해 준다. 아이가 상황을 이해하지 못한다면 양말 사진을 보여 주며 같은 것을 찾아와 달라고 부탁한다. 사진과 사물을 대응하는 훈련을 할 수 있다.

❷ 아이가 실제 양말과 양말 사진을 서로 일치시키지 못한다면, 아이가 평소에 신는 양말을 찍어서 보여 준다. 필요한 경우 아이의 행동을 도와줘도 좋다. 예를 들어 아이에게 사진을 건네 준 뒤 그걸 옷 위에 올려놓도록 도와주고는 "이것 봐! 둘이 똑같네" 아니면 "옳지! 서로 같은 짝이네!" 하고 알려 준다.

❸ 익숙해지면 짝 맞추기 놀이를 해보자. 양말 한 짝은 엄마가 들고 있고, 나머지 한 짝은 다른 옷들(찾아야 하는 양말과 확연히 차이가 나는 옷이어야 한다.)과 함께 놓은 뒤 "엄마가 들고 있는 양말과 같은 걸 찾을 수 있겠니?라고 묻는다. 아이가 익숙해지고 잘하게 되면, 모양이 다른 양말들 사이에 찾아야 하는 양말을 놔두는 식으로 난이도를 올려도 좋다.

★주의해야 할 사항

아이와 놀이를 할 때는 정답이 없음을 항상 기억해야 한다. 이 놀이 역시 아이가 설사 다른 짝을 찾아왔을지라도 이를 틀렸다고 말하기보다 아이가 같다고 생각한 이유를 찾아보아야 한다. 그런 뒤 "아, 자동차 무늬가 있어서 같다고 생각했구나~" 하면서 아이의 생각을 헤아려 말해 주면 좋다.

엄마 거야, 아이 거야

언어·인지 발달

평소 익숙한 엄마 옷과 아기 옷을 활용한 놀이로, 소유격의 개념을 가르칠 수 있다.

❶ 엄마 옷과 아이 옷을 각각 놓아두고, 아이에게 "엄마 윗도리를 가져다줄래?" 혹은 "아기 옷 좀 가져다줄래?" 하고 부탁한다. 아이가 잘 가져온다면 적극적으로 칭찬해 준다. 또는 아이 머리에 옷을 덮어 씌웠다가 벗기는 등 즐거움을 선사한다.

❷ 아이가 어려워한다면, 적극적으로 도움을 준다. 엄마가 직접 손가락으로 가리키거나 필요한 경우 아이 손을 잡고 쥐어 줄 수도 있다. 또 아이가 선택해야 하는 옷을 아이 근처에 놔두는 방법으로 아이가 손쉽게 올바른 걸 고를 수 있도록 도와주는 방법도 있다. 단 어떤 경우에든 도움을 서서히 줄여 나가며 결국 아이가 혼자 힘으로 지시를 따를 수 있게 해야 한다.

아이가 계속 정확한 옷을 고른다면 이번에는 이름을 사용하는 대신 '나'와 '너'라는 말을 가르쳐 보자. "너"라고 말할 때는 아이를 가리키고, "나"라고 말할 때는 손바닥을 펴서 엄마 가슴 위에 올려놓는 것이다. 아이의 얼굴을 씻겨 준 뒤 엄마 얼굴도 씻으면서 "내 차례"와 "네 차례"라는 표현을 가르칠 수도 있다.

★주의해야 할 사항

이 책에서 소개하는 놀이들은 성장발달에 필요한 자극에 지속적으로 노출시킴으로써 아이의 발달을 돕는 데 의의가 있지만, 기본적으로 부모와 아이가 보다 행복한 시간을 보낼 수 있도록 돕는 걸 목표로 하고 있다. 그러니 이 놀이들이 뜻대로 진행되지 않는다고 해서 스트레스 받을 필요는 없다. 아이가 흥미로워하지 않는다면 다른 놀이를 권해 보자. 놀이를 통해 다양한 언어에 노출되고, 다채로운 감각에 잠깐이라도 노출되었다는 경험 그 자체가 중요하다.

뜨거워 차가워

언어 · 인지 발달

식사 시간을 활용해서 자연스럽게 '뜨겁다, 차갑다'의 개념을 가르쳐 줄 수 있다.

❶ 뜨거운 음식을 먹을 경우 "뜨거워" 하며 아이에게 살며시 손가락을 대보게 한다. "모락모락 김이 나지? 뜨거워" 하며 음식을 다시 가져가서 "호호" 불어 식혀 준다.

❷ 차가운 것과의 차이를 가르치기 위해 뜨거운 음식을 만져 보게 한 뒤 (너무 뜨거워서는 안 된다.) 얼음 조각을 쥐어 주고는 "차가워"라고 말한다.

★놀이 플러스

사물 이름과 달리 '많다, 적다' 같은 상대적인 개념과 상징적인 의미나 추상적인 개념은 언어 이해력과 인지 발달에 어려움이 있는 아이들은 이해하기 힘들어한다.

잘라 잘라 놀이

간식이나 밥을 먹으며 간단한 놀이로 '크다, 작다'의 개념을 가르쳐 줄
수 있다.

❶ 바나나 크기를 다양하게 자른 뒤 두 조각을 들고 "큰 거 먹을래? 아니면
작은 거 먹을래?"라고 묻는다. 아이가 원하는 걸 가리키거나 말을 하면 아
이가 선택한 것을 주면서 "큰 걸 원하는구나. 자, 여기 있다!"라고 말한다.
혹은 "아, 작은 걸 골랐구나"라고 말한다.

❷ 아이가 소리나 단어를 흉내 낼 수 있다면, 손을 뻗거나 가리킨 게 어느 쪽
이냐에 따라 "크다"나 "작다"라고 말해 보도록 유도할 수 있다. 하지만 매
번 그렇게 해서는 안 되고 가끔씩만 시도해야 한다는 걸 기억하자.

❸ '잘라 잘라 놀이'를 해본다. 큰 바나나의 경우 유아용 칼로 "큰 바나나는
잘라, 잘라"라고 말하며 조각을 낸 후 접시에 담는다. 아이에게도 직접 해
보게 한다.

하나 둘 셋! 숫자 놀이

언어·인지 발달

놀이를 통해서 4 이내의 숫자 개념을 가르칠 수 있다. 이 시기 아이들은 숫자를 셀 줄 알아도, 숫자를 차례로 외운 것이지 그 개념을 알았다고는 할 수 없다. 사물과 일대일로 대응시켜 수 개념을 형성할 수 있도록 도와주자.

❶ 아이의 접시에 음식을 줄 때 하나하나 놓으면서 수를 센다. 예를 들어 아이가 와플을 좋아한다면 먼저 와플을 작게 여러 조각으로 자른다. 그런 다음 와플을 하나씩 아이 접시 위에 올려놓으면서 "와플 한 개, 와플 두 개"라고 말한다.

❷ 꼭 음식이 아니어도 좋다. "숟가락 한 개, 숟가락 두 개" "물 컵 한 개, 두 개" "신발이 하나, 둘, 셋!" 등 자유롭게 응용이 가능하다.

❸ 숫자를 반복해서 들려주다 보면 아이도 말하고 싶어진다. 이를 자연스럽게 유도해 주자. 예를 들어 음식이 세 조각 있다면 "하나, 둘……"까지 센 다음 말을 멈추고 아이가 "셋"이라고 말할 때까지 기다린 뒤 아이에게 음식을 건네는 것이다. 아이가 말을 하지 않으면 엄마가 직접 "셋!"이라고

말한 뒤 아이에게 음식을 건네면 된다. 빨리 대답하면 음식을 빨리 먹을 수 있다는 것을 깨달을 수 있도록, 충분히(5초 정도) 대답을 기다려 준다.

아이의 언어 발달을 돕고 싶겠지만, 그 과정에서 짜증이나 좌절감을 느끼는 걸 바라지는 않을 것이다. 때로는 아이가 그보다 더 잘할 수 있다고 확신할지라도 압박을 가해서는 안 된다. 억지로 말해 보라고 반복적으로 계속 강요해서도 안 된다.

기억력 쑥쑥 놀이

인지 발달

❶ 쌀 속에 장난감을 숨긴다. (꼭 쌀이 아니어도 좋다.) "자동차 장난감이 어디 갔지? 어디 갔을까? 한번 찾아볼까?" 하며 찾아보게 한다.

❷ 아이가 쌀 속에 숨겨 놓은 장난감을 찾아내면 매우 흥분된 목소리로 "우와! 거기 있었구나! 잘 찾았네~!" 하고 칭찬해 준다. 그리고 "자, 이제 다시 숨겨 볼까?" 하며 놀이를 진행한다. 물론 아이가 아직 무조건 입에 넣고 보는 시기라면, 익히지 않은 쌀이나 작은 장난감 등을 입에 넣어 삼키지 않도록 세심한 주의를 기울여야 한다.

❸ 이 놀이를 발전시켜 컵으로도 할 수 있다. 세 개의 컵을 늘어놓는다. 아이가 보는 앞에서 하나에 컵에 장난감을 숨긴 뒤 아이에게 어느 컵에 장난감이 들어 있는지 맞추기 놀이를 한다. "장난감을 컵 안에 숨겼어. 어느 컵

에 들어 있을까?" 찾았을 때는 "우와! 대단하다! 잘 찾았네!" 하며 크게 칭찬해 준다. 찾지 못하면 "엄마랑 같이 찾아볼까? 여기 있나? 없네. 여기 있나? 와! 여기 있네!" 하며 하나하나 컵을 들춰 보여 준다.

❹ 아이가 잘 해내면 컵 안에 장난감을 숨긴 뒤 컵의 위치를 섞는다. 그런 후 아이에게 찾아보게 한다.

★놀이 플러스

아이가 놀이에 익숙해지면 컵의 수를 늘리거나 섞는 횟수를 늘리는 등 난이도를 높여도 좋다. 이런 놀이를 통해 단기 기억력과 집중력을 향상시킬 수 있다.

소리 질러 마이크

신체 · 언어 발달

아이가 아직 말을 하지 못하거나 소리와 단어를 흉내 내지 못한다면 장난감 마이크를 활용해 흉내 내기를 연습할 수 있다.

❶ 플라스틱 통, 휴지 속심 등 다양한 소리 울림을 만들어 내는 사물에 입을 대고 웅얼웅얼 소리 내는 연습을 시킨다. "여기 구멍에 입을 대고 소리를 내면 무슨 소리가 나올까?" "아~ 아~ 아~" "와, 소리가 울리네! 신기하다~ 한번 해볼까?"

❷ 장난감 마이크도 좋다. "바~바~바"나 "가~가~가"처럼 단순한 소리를 흉내 내보도록 한다. 정확하게 따라 하진 못하더라도 비슷하게 흉내 내려고 한다면 한껏 칭찬해 줘야 한다.

❸ 어떤 아이들은 자기 목소리를 듣는 걸 좋아한다. 아이의 소리를 녹음해서 다시 들려줌으로써 좀 더 많은 소리를 내보도록 격려할 수 있다.

맞다 안 맞다

어떤 물건이 다른 물건에 꼭 들어맞는지 확인하는 놀이는 아이들에게 재미있는 놀이가 된다.

❶ 빈 오렌지주스 병이나 빈 음식물 통, 휴지 속심, 구멍 뚫린 상자 등 쉽게 구할 수 있는 걸 준비한다. 그리고 이 구멍들에 넣어 볼 물건들을 준비한다. 물건의 크기는 다양할수록 좋다. 단 아이가 삼키지 않을 만한 것이어야 한다. "이 용기에 넣기 놀이 해볼까? 무엇을 넣어 볼까?" 하며 아이와 함께 넣어 볼 물건을 찾아보는 것에서부터 놀이를 시작한다.

❷ 준비가 되었다면, 아이에게 그 물건들을 하나씩 건네며 "자, 이제 이 안에 넣어 볼까?"라고 말한다. 아이가 혼자 용기 안에 넣기를 힘들어한다면 적극적으로 도와준다. 물건이 용기에 들어가면 "와! 쏙 들어갔다! 잘 맞네!"라고 말한다. 물건이 들어가지 않으면 "저런! 이건 너무 크다" 등의 반응을 해준다.

❸ 나중에는 "얼룩말(장난감)이 이 안에 들어갈 수 있을까?"라고 물어서 예측해 보게 한다. "들어갈 것 같아? 그럼 한번 넣어 볼까?" 조랑말이 들어가지 않으면 "저런! 얼룩말이 너무 커서 구멍에 안 맞네. 어떤 게 여기에 들어갈까?"라고 말하며 추측해 보도록 유도한다.

★놀이 플러스

아이들은 색보다 모양에 더 민감하고 먼저 이해한다. 18개월 무렵에는 동그라미, 세모, 네모 모양을 보고 찾아낼 수 있다.

아이 코가 말랐네

지금부터 목욕을 하며 할 수 있는 놀이를 가르쳐 주고자 한다. 그중 따뜻한 물로 아이에게 신체 부위를 가리키는 단어와 '젖었다, 말랐다'의 개념을 가르치는 놀이부터 해보자.

❶ 목욕을 시작하기 전에는 아이의 몸이 말라 있는 상태일 것이다. 욕조에 아이를 넣기 전에 "지금은 아이 배가 말라 있네"라고 말한 뒤 아이 배에 물을 약간 붓는다. "이제 아이 배가 젖었다!"라고 즐거운 듯 외친다.

❷ "아이 팔이 말라 있네" "이제 아이 팔이 젖었네" 식으로 신체 부위마다 따뜻한 물을 몸에 부어 주면 아이의 기분이 좋아질 것이다.

❸ 목욕할 때 이 놀이를 해주었다면 이제는 신체 부위(혹은 젖었다, 말랐다)를 말해 보도록 유도해 보자. "아이 코가 말라 있네" 아이 코에 물을 한 방울 떨어뜨린 뒤 "이제 아이 코가……" 하며 아이의 말을 기다린다. 아이가 "젖었어!"라고 말하면 "그렇지, 아이 코가 젖었다!"라고 말하며 다시 따뜻한 물을 끼얹어 준다.

첨벙 첨벙

신체 · 언어 · 인지 발달

물을 좋아하는 아이는 누구나 즐거워하는 놀이다. 인지 발달에 상당한 자극이 된다.

❶ "이렇게 해봐!"라고 말하면서 욕조의 물을 부드럽게 튀기거나 물 표면을 살짝살짝 치는 모습을 보여 준다. "어때? 찰박찰박 소리가 나지?" "손으로 엄마처럼 물을 튀겨 볼까?" 하며 아이 손을 잡고 같이 물을 튕겨 본다.

❷ 아이에게 발로도 물을 튀겨 보도록 한다. 아이의 발을 잡고 부드럽게 수면을 찰 수 있도록 돕는다. "발로도 차볼까? 첨벙첨벙" 재미있어한다면 이를 응용해서 욕조 벽에 물 튀기기, 아이 배에 부드럽게 물 튀기기, 물 때리기 등 다양한 놀이가 가능하다.

❸ 목욕용 크레용(꼭 권하고 싶은 장난감이다.)을 사용해 욕조 벽에 작은 사람이나 동물을 아이와 함께 그린다. "멍멍 강아지를 그려 볼까?" "귀를 그리고, 눈을 그리고, 입을 그리고~"처럼 그림을 그리며 계속 말을 건넨다.

❹ 그림을 다 그렸다면, 그림을 향해 물을 튀기는 놀이를 해보자. "강아지에게 물을 튀겨 볼까?" 하며 시범을 보인 후 아이에게 해보게 한다. 물을 튀길수록 그림이 흐려진다면 "강아지가 점점 사라지고 있네, 인사하자. 잘 가, 강아지야~" 하며 인사를 하게 한다.

동물 인형과 목욕 놀이

신체 · 언어 · 인지 발달

시중에 파는 목욕용 장난감으로 재미있는 목욕 놀이를 할 수 있다. 꼭
목욕용이 아니더라도 집 안에 있는 장난감을 가지고도 흥미로운 놀이를
유도할 수 있다

❶ 욕조에서 갖고 놀 수 있는 작은 동물 인형들이 있다면, 욕조 둘레에 그 인형들을 줄지어 세운다. 그런 뒤 "점프, 첨벙!"이라고 말하면서 하나씩 욕조 안으로 뛰어들게 한다.

❷ 인형마다 이름을 덧붙이면 더욱 좋다. "개구리 점프, 첨벙!" "오리 점프, 첨벙!" 하는 식으로 말이다. 물을 뿜을 수 있는 장난감이 있으면, 물도 뿜어 보자.

❸ 욕조에 넣어도 되는 그물망이나 바구니를 활용해 언어 연습을 시킬 수 있다. 바구니나 그물망에 장난감을 넣고 욕조 안에 넣는다. 그리고 아이에게 "개구리 꺼낼까?" 하며 물어본다. 아이가 좋다고 끄덕이거나 장난감을 향해 손을 뻗으면, "좋아, 개구리야 나와라!"라고 과장되게 외치며 개구리

인형을 꺼낸다. 아이에게 직접 꺼내 보게 해도 좋다.

❹ 아이가 원할 때까지 이를 반복하며 놀이를 진행한다. 정리할 때는 반대로 "개구리야 들어가라!"라고 과장되게 외치며 개구리가 바구니 안으로 폴 짝 뛰어 들어가는 시늉을 하며 넣는다. 그런 다음에는 "네 차례야! 오리야 들어가라!"라고 말해 아이에게 넣어 보게 한다. 아이가 못할 때는 도와준 뒤 마치 혼자서 해낸 것처럼 칭찬해 준다.

❺ 아이가 즐거워하면 그 감정들에 "우스워" "재밌어" "행복해" 등의 이름 들을 붙여 준다. "개구리가 뛰어 들어가는 모습이 우습다. 그치?" "재미있 어? 한 번 더 할까?"

★놀이 플러스

목욕이나 물을 싫어하는 아이는 목욕 시간을 즐겁고 유쾌하게 만들어 줘야 한다. 물을 쭉쭉 빨아들이는 스펀지를 이용해서도 흥미를 끌 수 있다. 목욕 도구를 아이에게 선택 하게 하는 것도 좋다. 해면, 스펀지, 수건 등 다양한 촉감이 나는 목욕 도구를 아이에 게 만져 보게 한 뒤 마음에 들어 하는 걸로 목욕을 시켜 준다. 목욕용 장난감 역시 아 이에게 고르게 하여 목욕용 장난감으로도 젖었다, 말랐다 놀이를 해보자. 가능한 아이 에게 선택의 기회를 많이 줄수록 좋다.

장난감 목욕시키기

언어 · 표현 발달

소꿉놀이, 장보기 놀이는 대표적인 가상 놀이다. 아이들은 엄마를 따라 흉내 내는 것을 재미있어한다. 목욕 시간을 활용해서도 재미있는 가상 놀이를 할 수 있다.

❶ 아이가 좋아하는 장난감 중에서 방수가 되는 인형을 고른다. "목욕하자. 오늘은 누구랑 같이 목욕을 할까? 엄마랑 같이 골라 볼까?" 아이의 목욕 시간을 이용해서 인형 목욕시키기 놀이를 진행하면 훨씬 쉽게 놀이를 진행할 수 있다. 또 아이는 인형이 자기처럼 목욕하는 모습을 지켜보면서 단어를 반복해서 들을 수 있는 기회를 가지게 된다.

❷ 아이에게 어느 부위를 씻기고 싶은지 물어본다. "발을 씻겨 줄까? 아니면 배?" 아이가 원하는 부위를 씻기는 모습을 보여 준다.

❸ 아이가 흥미를 보이면 스펀지 혹은 수건을 건네주며 직접 씻겨 보도록 한다. "인형 머리를 감겨 줘" "팔도 씻겨 줘야지" 하며 알려 준다.

❹ 엄마가 일일이 알려 주지 않아도 아이는 엄마의 모습을 흉내 내며 인형의 발이나 팔, 머리카락 등을 부드럽게 씻겨 줄 것이다. 엄마는 옆에서 그 모습을 말로 표현해 주며 칭찬해 준다. "우와! 인형 머리를 감겨 줬네! 인형이 예뻐졌다!"

★주의해야 할 사항

가상 놀이는 약 18개월 정도부터 발달하다가 5~6세 무렵에는 최고조에 달한다. 그 후부터는 감소하는 모습을 보인다. 발달 장애가 있는 아이들 가운데는 가상 놀이를 잘 이해하지 못하거나, 적절한 시기에 이러한 놀이 형태가 나타나지 않는 특징이 있다.

배를 띄운다 둥둥

언어·인지 발달

욕조나 물통에 다양한 물건을 넣어 보는 놀이를 통해 '가라앉는다, 뜬다'의 개념을 가르칠 수 있다.

❶ 크기와 무게가 서로 다른 장난감들을 준비하여 아이와 함께 욕조에 넣어 보자. 약간 높은 곳에서 장난감을 떨어뜨리거나 과장되게 말하여 긴장감을 조성할수록 아이가 재미있어한다. "이게 과연 뜰까? 아니면 가라앉을까? 엄마도 모르겠다." "자, 한번 해볼까? 낙하(떨어진다!)!"

❷ 장난감을 하나씩 욕조에 넣으며 물에 떠오르거나 가라앉을 때마다 일일이 "가라앉았다!" "떴다!" 하며 설명해 준다.

❸ 또 다른 재미를 느낄 수 있도록 알루미늄 호일로 물에 뜨는 배를 만들어 보자. 이 배를 물에 띄워 그 위에 장난감을 올리며 놀이할 수 있다. "두둥실 배야. 이 배에 장난감을 싣고 여행을 떠나 볼까?" "자동차를 싣고, 로봇도 싣고~" 하며 아이가 원하는 장난감을 실어 본다. 배가 가라앉으면 "아

이고, 무거워서 가라앉았다. 무엇을 뺄까?” 하며 배가 다시 뜰 때까지 장
난감을 빼본다.

색깔 물놀이

언어·인지·표현 발달

보글보글 거품이 나는 다양한 색의 입욕제를 활용하여 목욕 시간을 정말 재미있게 만들 수 있다.

❶ 목욕하기 전 아이에게 다양한 색의 입욕제 중에서 하나를 골라 보게 한다. 아이에게 선택의 기회를 많이 줄수록 좋다. 아이가 하나를 선택하면 "아, 빨간색을 원하는구나"라고 말한다.

❷ 입욕제를 물에 넣고 아이에게 휘젓도록 한다. 거품이 나면서 물색이 변하면 "와, 해냈구나! 빨간색이 되었어!"라고 칭찬해 준다.

❸ 입욕제 색깔을 활용해 색깔 개념을 가르칠 수 있다. 목욕용 장난감 중에서 입욕제와 같은 색깔의 장난감을 찾아보게 하는 것이다. 예를 들어 "빨간색 물이니깐, 빨간색 장난감만 넣어 볼까? 이건 빨간색이니깐 욕조에 퐁덩, 저런~ 이건 빨간색이 아냐. 이건 그냥 놔두자"라는 식으로 진행한다.

물이 주르륵

아이들은 물 붓는 활동을 좋아한다. 플라스틱 컵이나 종이컵을 사용해서 물을 채우거나 (목소리도 같이 높이면서) 비우는 (목소리를 점점 낮추면서) 놀이를 할 수 있다.

❶ 욕조나 빈 통에 물을 채운 후 컵을 준비한다. "여기 컵이 있지. 컵에 물을 가득 담아 볼까?" 하며 컵에 물을 채운다. 이때 "컵 가득 물을 채운다"라고 말한다.

❷ "와, 컵에 물이 가득 찼네. 이제 컵을 다시 비워 볼까?"라고 아이에게 제안한다. 그리고 "물을 쏟는다"라고 말하며 컵에 든 물을 통에 다시 붓는다.

❸ 엄마가 시범을 보인 후에는 아이와 함께 "채운다" "쏟는다" 표현을 사용해 가며 물 붓기 놀이를 반복한다.

빨래를 하자

언어 · 인지 · 표현 발달

집안일은 가상 놀이뿐만 아니라 말을 가르치는 훌륭한 수단이 된다. 그러니 평소 하는 집안일을 응용해 아이에게 권해 보자. 예를 들어 빨래가 끝나면 아이에게 자기 옷과 어른들 옷을 구분해 보게 하거나 양말이나 속옷을 사용해 짝 맞추기 놀이를 해보는 것이다. 분류와 짝 맞추기 개념을 발달시키는 데 도움이 되는 좋은 인지 활동이다.

❶ 세탁할 옷들을 넣은 바구니를 세탁기 앞에 가져다 놓고, 아이에게 하나씩 건네 달라고 요청한다. 아이에게 손을 내밀며 "옷 하나 줄래?"라고 말한다. 세탁기 문에 아이의 손이 닿거나 아이가 안전하게 있을 만한 공간이 있다면 역할을 바꿔 보는 것도 좋다. 아이가 더욱 재미있어할 것이다.

❷ 세탁을 아이와 함께하면 옷 종류, 색 등의 언어를 연습할 수 있다. 아이에게 옷을 건네 줄 때마다 "티셔츠" "바지" "양말" 하며 명칭을 알려 준다. 혹은 "줄무늬 티셔츠" "흰 양말"처럼 특징을 같이 말해 줄 수도 있다.

❸ 누구의 옷인지도 함께 말해 줌으로써 가족의 호칭과 소유의 개념도 가르칠 수 있다. 예를 들어 "엄마 윗도리" "아이 양말"이라고 말하는 것이다. 말이 제법 가능하다면 "이건 누구 양말이지?" 혹은 "이 윗도리는 무슨 색

이지?" 하고 물어보자.

④ 빨래가 끝난 옷으로는 분류 놀이를 할 수 있다. 아이 옷과 다른 가족들의 옷을 일부 분류하여 서로 다른 쪽에 쌓아 둔다. 그리고 아이에게 아직 분류가 안 된 옷을 보여 주며 "이건 어디로 가야 할까?" 하고 물으며 건넨다. 아이가 잘못된 곳에 옷을 갖다 놓으면 옷을 다시 아이에게 돌려주며 "아이 옷" 혹은 "엄마 옷"이라고 말하며 올바른 쪽에 놓도록 유도한다.

⑤ 아이 양말을 한 짝씩 보여 주며 "이 양말의 짝을 찾아볼까?" "분홍 양말은 어디에 있지?"라고 말하면서 똑같은 짝을 찾는 놀이를 해보자. 혼자서 찾

지 못하면 도와준다.

❻ '크다, 작다' 놀이도 할 수 있다. 먼저 엄마 양말과 아이 양말을 나란히 놓는다. 그리고 "이건 커. 이건 엄마 양말이야" "이건 작아. 이건 아이 양말이야"라고 말한다. 아이가 말을 할 수 있다면 "이건……" 하고 말한 뒤 아이가 이어서 "커" 혹은 "작아"라는 말을 할 수 있도록 유도한다. 만약 아직 말을 못한다면 큰 양말과 작은 양말을 양손에 들고 "어떤 게 작지?" 혹은 "어떤 게 아이 거지?"(어느 쪽이든 아이에게 더 쉽다고 생각되는 질문으로)라고 묻는다. 아이가 대답을 하면 "잘했어! 작은 양말을 골랐네!"라며 아이의 답변을 칭찬해 준다.

★놀이 플러스

아이들은 그림으로 본 것보다 실물로 본 것을 더 강렬하게 기억한다. 실제로 빨래를 통해 접한 옷 이름이나 특징들은 뇌에 좋은 자극이 된다.

공은 어디에? 분류 놀이

장난감 치우기도 얼마든지 즐거운 놀이가 될 수 있다.

❶ 처음에는 장난감 한두 개 정도를 치워 달라고 부탁한다. 아이가 갖고 놀던 장난감이나 책 하나를 건네주며 원래 있던 자리에 가져다 놔달라고 말한다. 어려워하면 부드럽게 이끌어 준 뒤 많은 칭찬을 해준다. 아이의 흥미를 끌기 위해 "정리하자, 정리하자. 다 같이 정리하자"처럼 청소 노래를 만들어 흥겨운 분위기를 연출해도 좋다.

❷ 청소 놀이에 제법 익숙해지면, 분류 개념을 연습시킬 수 있다. 평소 엄마가 특정한 장소에 장난감과 책을 정리해 놓았다면, 아이는 자연스레 모든 것에는 저마다 적합한 장소가 있다는 것을 알게 된다. 예를 들어 평소 퍼즐을 모아 놓는 통, 공을 모아 놓는 통, 자동차와 기차를 모아 놓는 통들을 구분하여 정리하는 것이다. 상자마다 무슨 장난감이 들어 있는지, 어떤 종류의 장난감이 들어 있는지 사진을 붙여 놓거나 내부가 보이는 플라스틱

통을 사용하면 좋다.

❸ "청소 시간이다! 이건 공이야. 어디에 넣어야 하지?" 하고 아이에게 묻는
 다. 아이가 공 상자를 가리키면 "맞아. 공은 여기에 들어가" 하고 확인해
 준 뒤 아이 손을 잡고 상자에 같이 공을 넣는다. 그 후 열렬히 칭찬해 준다.

❹ 아이가 단어를 몇 개 말할 수 있게 되면 퍼즐 같은 장난감을 하나 들고 "이
 건 뭘까?"라고 묻는다. 만약 대답을 못한다면 "퍼즐이야. 퍼즐은 어디에
 넣어야 할까?"라고 대신 답을 해주고 묻는다. 그리고 아이가 퍼즐 상자에

장난감을 넣을 수 있도록 유도한 후 "그렇지. 퍼즐은 퍼즐 상자에~♬" 하며 흥겨운 듯 확인시켜 주며 칭찬해 준다.

★놀이 플러스

아이가 분류 놀이에 조금씩 익숙해지면 난이도를 높여 야구공과 축구공처럼 모양이 비슷한 것들을 분류하는 놀이를 할 수 있다.

★주의해야 할 사항

아주 어린 아이들의 경우에는 청소가 지루하고 불쾌한 활동이므로 아이가 한 번에 몇 개 이상의 물건을 치우리라고 기대해서는 안 된다. 많아야 최대 4~6개다.

노래 가사 바꿔 부르기

언어·인지·표현 발달

엄마가 불러 주는 노래는 아이에게 정서적인 즐거움을 안겨다 줄 뿐만 아니라 집중력을 향상시킨다. 노래가 말보다 반복적이며 박자가 규칙적이기 때문이다.

❶ 아이가 평소 좋아하는 노래를 불러 준다. "거미가 줄을 타고 올라갑니다~ 비가 오면 끊어집니다~"

❷ 노래를 부르다가 '거미, 햇님, 비'처럼 중요한 단어가 나오는 부분에서 노래를 멈춘다. 그리고 아이가 노래를 제대로 이어 부르는지 확인한다. 이를 통해 아이가 얼마나 많은 걸 알고 있는지 파악이 가능하다.

❸ 첫 돌이 될 무렵이면 대부분의 아이들이 유머 감각이 발달한다. 따라서 아이가 좋아하는 노래 가사를 우스꽝스럽게 바꿔 부르면 새로운 즐거움을 선사할 수 있다. "곰 세 마리가 춤.추.고. 있어" 하고 부르다가 잠깐 노래를 멈추고는 "와~ 곰이 춤을 춘대. 어떻게 춤을 추는 걸까?" 하고 말하는 것이다. "곰 춤이 뭘까? 이런 걸까?" 하며 흉내를 내주면 더욱 재미있어한다.

차에서 하는 색깔 놀이

차 안에서도 아이들이 지루해하지 않고 즐길 수 있는 놀이가 있다.

❶ 지나가는 차나 사물의 색깔을 보고 그와 같은 색깔의 크레용을 찾아 엄마에게 건네는 놀이다. 크레용이 없어질 때까지 한다. 다 하고 나면 아이가 좋아하는 간식 등을 주며 놀이의 즐거움을 키운다.

❷ 크레용을 대신하여 색종이로도 같은 놀이를 할 수 있다. 색종이는 색깔이 선명하고 가벼워 이동 중에 갖고 다니기 좋다. 색이 너무 많으면 힘들 수도 있으니 대여섯 장 정도만 추려서 갖고 있는 색과 비슷한 사물(빨간 지붕, 파란 자동차, 녹색 우산 등)을 아이에게 찾아보게 한다. 그리고 찾을 때마다 그 색깔의 색종이를 엄마에게 건네주도록 한다. 상으로 아이가 발견한 것과 같은 색깔로 된 간식을 주면 더욱 재미있어할 것이다.

부릉부릉 장보기

언어 · 인지 · 표현 발달

아이와 장보기 놀이를 해보자.

❶ 작은 바구니에 아이를 태우고 바구니를 밀며 방 안을 돌아다닌다. "부릉부릉, 마트에 갑니다. 부릉부릉!"

❷ 탁자 위에 아이가 좋아하는 음식의 포장지를 늘어놓고 물건을 사러 온 척 구경한다. "끼익, 마트에 도착했습니다. 내리세요" 하며 아이를 바구니에서 나오도록 한다. "오늘 저녁은 무엇을 먹나요? 바구니에 집어넣어 보세요" 하고 말하며 작은 장바구니 안에 마음에 드는 물건을 골라 넣을 수 있도록 한다.

❸ 쇼핑이 끝나면 다시 바구니를 타고 집으로 돌아오는 시늉을 한다. "부릉부릉, 집으로 돌아갑니다. 부릉부릉" 놀이가 끝난 뒤에는 아이가 마트에서 고른 음식을 간식으로 준다. 아이가 즐거워할 것이다.

신호등 놀이

언어 · 인지 발달

장보기 놀이를 하면서 신호등의 개념을 익히고 '멈추다, 가다' 라는 단어도 연습할 수 있다.

❶ 색종이를 사용해 빨간 불, 녹색 불 신호등 카드를 만든 뒤 먼저 녹색 카드를 들어 올린다. "녹색은 가라는 뜻이야. 녹색은 가다, 출발!"이라고 말하면서 바구니 차를 출발한다. "빨간색은 멈추라는 뜻이야"라고 말하면서 바구니 차를 멈추기 전에 빨간색 카드를 들어올린다.

❷ 아이가 이 놀이를 재미있어하면 두 가지 색의 종이를 들려주고, 아이가 녹색 카드를 들어 올리면 출발하고 빨간색 카드를 들어 올리면 멈춘다. 그때마다 "녹색은 가라는 뜻이야, 출발!" "빨간색은 멈추라는 뜻이야, 정지!" 하며 말을 반복한다. 제법 익숙해지면 "녹색은……" 하며 말을 멈추고 아이가 말을 이어서 하도록 유도한다.

❸ 외출 시 실제 신호등을 보면서 반복해도 좋다.

오늘 어디 갔었지?

언어 · 인지 발달

외출에서 돌아온 후 들렀던 장소들을 되짚어 보면서 사물을 기억하는
연습을 할 수 있다.

❶ 아주 어린 아이라면 몇 시간 전에 갔던 장소를 기억하지 못하겠지만, 집에
막 돌아온 직후에는 가능하다. 아이와 간식을 먹으며 "우리 슈퍼에 가서
사과와 과자를 샀지. 그리고 놀이터에 갔어. 넌 거기에서 미끄럼틀을 탔고
그네도 탔지. 그 다음에 집으로 돌아왔어" 하고 되짚어 준다.

❷ 아이가 제법 의사 표현을 할 수 있다면 "놀이터에 가서 뭐했더라?" 하며
질문을 던져 기억을 떠올려 보게 한다. "그네~ 슝슝~" 이렇게 대답을 한
다면 "맞아! 그네를 타고 놀았지?" 하며 온전한 문장으로 확인해 준다.

❸ 사진 앨범을 만들어 매주 기억을 떠올려 볼 수도 있다. "할머니 집에 가서
막대 사탕을 먹었지. 그리고 썰매를 탔는데, 정말 추웠어" 이렇게 말할 수
있다.

마트 놀이

신체 · 언어 · 인지 발달

아이와 함께 마트에 장을 보러 간 엄마는 아이 신경 쓰랴, 물건 고르랴 정신이 없다. 이럴 때 아이가 엄마 곁에서 벗어나지 않고 얌전히 장 볼 수 있도록 돕는 놀이들이 있다.

❶ 장보기를 놀이처럼 아이에게 시켜 보자. 아이 손이 닿을 만한 위치에 사야 할 물건이 있다면 "이중에서 무엇을 살까? 엄마에게 골라 줘봐" 하고 말하며 아이에게 물건을 고르게 한 뒤 카트에 넣는 것까지 시켜 보자. "엄마를 도와줘서 너무 고마워~" 하며 칭찬한다.

❷ 쇼핑 리스트를 사진으로 만들어 짝짓기 놀이를 할 수 있다. 우유와 시리얼을 살 예정이라면, 시리얼 앞면이나 우유 곽에서 가장 화려한 부분을 오려 낸다. 혹은 인터넷에서 제품 사진을 찾아 프린트하거나 신문 광고 혹은 마트에서 매주 보내오는 전단지 사진을 오려서 쇼핑 리스트를 만들어도 좋다.

❸ 아이에게 한 번에 하나씩 건네주며 "이 사진과 똑같이 생긴 우유가 어디

에 있을까? 찾아서 엄마한테 알려줄래?” 하며 그것과 똑같이 생긴 제품을 찾아보게 한다. 찾기 어려워한다면 “이쪽에 있어. 한번 찾아볼래?” 하며 해당 제품이 있는 근처를 알려 준다.

24~30개월의 아이는 색깔이나 형태 등 똑같은 특성별로 사물을 분류할 수 있다. 크기, 길이, 무게 등의 개념도 발달하는 시기인 만큼 이 시기 짝짓기 놀이는 많은 도움이 된다.

처음에는 두세 가지로 시작해서 아이가 점점 익숙해지면 예닐곱 가지로 늘려도 좋다. 쇼핑 리스트의 물건들을 아이가 다 찾아내면 적극적으로 칭찬해 줘야 한다. 아이가 좋아하지만 평소 잘 주지 않았던 간식이 있다면 상으로 줘도 좋다.

블록 탑 만들기

신체 · 언어 · 인지 발달

어린 아이들은 높이 쌓은 블록 탑을 무너뜨리는 걸 정말 좋아한다. 탑이 높으면 높을수록 더욱 좋아한다.

❶ 아이와 블록을 쌓아 탑을 만든 후 무너뜨리는 놀이를 한다. 이때 아이가 블록을 쌓을 때마다 "올라간다, 올라간다!" 하고 외치면 긴장감이 더욱 고조된다. 그런 후 아이와 함께 탑을 쳐서 무너뜨린다. 이때는 "무너진다!"라고 외친다. 이 놀이에 익숙해지면 아이에게 직접 '올라간다, 무너진다'를 외치며 블록을 쌓고 무너뜨리게 한다.

❷ 같은 색깔이나 모양의 블록만을 사용해 쌓기 놀이를 할 수도 있다. "파란색 길을 만들자, 옆으로 길게 길게~" 하며 위로만이 아니라 옆으로도 길게 쌓으며 담벼락 혹은 길 만들기 놀이를 해보자.

★놀이 플러스

손을 많이 사용하는 블록 놀이는 뇌를 활성화한다.

★주의해야 할 사항

어떤 아이들은 블록이 무너지며 나는 큰 소리를 무서워하기도 한다. 만약 그렇다면 아이가 소음에 익숙해질 때까지 블록 서너 개만을 사용해서 작은 탑을 쌓고 무너뜨리는 놀이를 한다. 탑을 쌓는 중에 무너졌다면 "쾅! 무너져 버렸네!" 하며 상황을 우스꽝스럽게 만들어 재미를 느끼게 한다.

풍선 핑퐁

신체 · 언어 · 인지 발달

풍선 놀이를 통해 아이의 신체 활동을 적극적으로 유도할 수 있다. 마음 껏 뛰어놀고 싶어 하는 이 시기 아이들에게 최적인 놀이다.

❶ 헬륨을 넣은 풍선에 줄을 묶고 '올라간다, 내려간다' 놀이를 한다. 힘을 빼 줄을 조금씩 손에서 놓으며 "올라간다, 올라간다, 천장까지" 하며 외친다. 그런 뒤 줄을 감으며 "내려온다, 내려온다, 바닥으로" 하고 외친다.

❷ 헬륨 풍선의 바람이 빠지면 혹은 일반 풍선인 경우 마음껏 하늘 위로 통통 던져 보도록 한다. 풍선이 방 안을 이리저리 날아다니는 모습은 아이를 매 우 흥분시킨다.

❸ 이번에는 아이와 풍선을 던지고 받거나 차면서 놀아 보자. 아이를 향해 풍 선을 던지면 아이가 이를 받아서 다시 던져 준다. 혹은 반대로 아이가 던 진 풍선을 부모가 받아 줘도 좋다. 이때 주걱이나 부채처럼 평평한 것으로 풍선을 쳐서 주고받으면 또 다른 재미를 느낄 수 있다.

바람 빠진 풍선을 아이가 입에 넣지 않도록 주의한다. 질식할 위험이 있다.

공 주고받기

신체 · 인지 · 정서 발달

공을 활용해 다양한 놀이가 가능하다. 공을 굴려 보며 사물의 특성도 탐구할 수 있을 뿐 아니라 바구니에 던지기 놀이를 통해 신체 발달을 도울 수 있다.

❶ 바닥에 아이와 서로 마주보고 앉아 공을 굴려 주고받기를 한다. 번갈아 하기 개념을 알려 주기에 매우 좋은 활동이다. 움직일 때 불이 들어오거나 음악이 흘러나오는 공들이 있는데, 이런 공을 사용하면 아이가 공을 굴리는 것을 더욱 재미있어한다.

❷ 만약 공에 별 관심이 없다면 장난감 자동차나 트럭을 서로 주고받는 놀이를 해보자. 아이가 트럭을 밀어서 보낼 때마다 그 안에 작은 간식을 담아서 돌려보낸다. 그리고 "거기에 뭐가 숨겨져 있네" 하며 아이의 관심을 유도한다. 아이가 트럭에 실린 간식을 발견하면 호들갑을 떨면서 "와! 찾았구나!" "맛있는 간식을 트럭이 배달해 왔네!"라고 말한다. 소량의 간식만으로도 아이에게 재미를 선사하기에 충분하다.

❸ 이번에는 통에 공 집어넣기 놀이를 해보자. 처음에는 세탁물 바구니나 빈 종이 상자처럼 통이 큰 걸로 시작해서 서서히 빈 휴지통이나 아이용 농구 골대처럼 작은 걸로 바꿔 간다. 아이는 골을 넣었다는 기쁨보다 자신을 향해 환호하는 부모의 모습을 더 좋아할 수도 있다. 아이가 바구니에 공을 던지는 동안 스포츠 중계를 해보자. "던졌습니다! 득점입니다!" 아니면 "정말 멋진 슛이군요!" "팔이 얼마나 튼튼한지 몰라요!"처럼 말이다.

숨어 있는 소리를 찾아라

신체·인지 발달

두 가지 이상의 활동을 동시에 하면 뇌가 더욱 활성화된다. 집에 소리
나는 장난감을 활용해서 찾기 놀이를 해보자.

❶ 소리 나는 장난감을 안 보이는 곳에 숨긴다. 그런 뒤 "노래 소리가 어디에
서 들리지? 찾아볼까?" 하며 아이에게 소리를 따라 가서 숨겨진 물건을
찾는 법을 가르친다. 처음에는 찾기 쉬운 곳에 숨겨야 한다. 예를 들어 아
이 바로 앞에 있는 담요 아래에 숨겨 둘 수도 있다. 아이가 소리를 따라 잘
찾아내면 점점 더 먼 곳에 숨겨서 갈수록 찾기 어려워지게 한다.

❷ "어? 어디서 노래가 들리지? 커튼 뒤? 소파 뒤?"라고 말하며 소리가 나는
방향을 찾을 수 있도록 도와준다. 아이가 장난감을 찾아내면 환호해 주고
음악에 맞춰 함께 춤을 추거나 노래를 부른다.

❸ 아이가 도움 없이도 찾아낼 수 있게 되면 엄마와 아이가 함께 숨바꼭질을
해보자. 엄마가 숨은 뒤 "엄마 어디 있게? 찾아봐"라며 아이가 찾아낼 때

까지 아이를 불러 위치를 알려 준다. 아이가 소리를 따라 엄마를 찾아내면 "엄마 여기 있네!"라고 말하면서 아이를 번쩍 안아 올려 껴안으면서 뽀뽀를 해준다.

내가 만든 악기 놀이

신체 · 언어 · 인지 · 표현 발달

음악 교육은 아이의 뇌 발달을 돕는다. 예쁘게 생긴 어린이용 실로폰부터 책이나 빈 상자 등 거의 무엇이든 활용할 수 있다. 악기 중 특히 타악기는 '빠르다와 느리다'의 개념을 가르치기 매우 좋다.

❶ 아이와 함께 빈 플라스틱 물병에 조약돌, 말린 콩 한 줌(어떤 것이든 상관없다.)을 넣어 악기를 만들어 보자. 넣은 종류에 따라 소리가 어떻게 다른지 비교해서 들어 본다. 이때 소리의 차이를 의성어로 표현해 주면 좋다. "쏴~쏴" "달그락달그락" "또르륵" 등.

❷ 음악을 틀거나 노래를 부르면서 만든 악기를 연주한다. 부모가 먼저 시범을 보인다. 잘 따라 한다면 아이를 향해 함박웃음을 지어 보이며 음악에 맞춰 악기를 연주한다. 이때 아이가 부모와 다른 박자를 유지한다면 아이를 흉내 내보자. 아이가 빠르면 빠르게, 느리면 느리게.

❸ 연주 속도를 계속 바꿔 본다. 그리고 연주를 할 때마다 "빠르다" "느리다" 하며 연주 속도를 말해 준다.

음악에 맞춰 얼음 땡

악기나 리본 혹은 오색테이프를 사용해 춤을 추는 놀이는 아이에게 언제나 즐거움을 안겨 준다.

❶ 막대기에 리본이나 오색테이프를 붙여 리본 막대를 만들어 준다. 아이가 좋아하는 음악을 틀어 놓고 아이와 함께 음악에 맞춰 리본을 흔들어 본다. "리본 막대야. 이렇게 돌리면 뱅그르르~ 리본이 돌지? 자, 음악에 맞춰 리본을 흔들어 보자." 부모가 먼저 시범을 보여 아이가 따라할 수 있도록 유도한다.

❷ 신나게 춤을 추다가 음악을 끄면 얼어붙은 듯 동작을 멈춘다. "노래가 멈추면 얼음! 멈추는 거야~" 아이가 음악 소리에 맞춰 동작을 멈추는지 확인한 후 몇 초 뒤 다시 음악을 틀고 춤을 춘다.

❸ 아이의 손을 붙잡고 함께 춤을 추면서 "얼음, 멈춰"와 "땡, 춤춰"라는 단어를 가르칠 수도 있다. 춤을 추다가 가끔 "얼음!"이라고 말하면서 음악을

끄고 춤을 멈췄다가 "땡!"이라고 말하면서 다시 음악을 틀고 춤을 추기 시작한다. 얼음 상태일 때 아이가 땡과 비슷한 발음을 하는 등 의사 표현을 하면, 매우 흥분한 목소리로 "땡! 다시 춤추자!" 하며 음악을 틀고 같이 춤을 춘다.

★놀이 플러스

멈추라는 신호에 맞춰 움직임을 멈추는 것이 아이에게는 쉽지 않다. 그러니 소리를 구분해서 들으려고 노력하고, 조금이라도 멈췄다면 이에 대해 적극적으로 칭찬해 줘야한다.

인형이 뽀뽀해

인형 놀이는 아이의 부정적 감정을 해소하여 안정적인 정서를 가질 수 있도록 도와준다.

❶ "○○(인형의 이름)은 너를 사랑해. 인형이 너한테 뽀뽀해 준대" 라고 말하며 아이를 와락 끌어안고 인형의 입으로 아이의 볼이나 정수리에 쪽쪽 입을 맞춘다.

★놀이 플러스

인형에게 밥을 먹이거나 옷을 입히고 자장가를 불러 주는 등 가상 놀이가 가능하다. 이때 아이가 자유롭게 놀이를 주도할 수 있도록 옆에서 지켜보는 것이 좋다. 아이가 어려워한다면 먼저 시범을 보여 놀이를 돕는다.

차례차례 미끄럼틀 타기

생활·정서 발달

공원이나 놀이터에서 참을성 있게 기다리는 것을 힘들어한다면, 인형들과 함께 교대로 미끄럼틀을 타는 놀이를 하면서 미리 연습을 시킬 수 있다.

❶ 미끄럼틀을 타기에 앞서 "테디(인형 이름)가 1번, 엘모가 2번, 아이가 3번!" 이라고 말하면서 미끄럼틀을 타는 순서를 알려 준다. 그리고 순서대로 한 명씩 미끄럼틀을 태운다. "테디가 내려갑니다. 출발!" "엘모가 내려갑니다. 출발!" "이제 아이가 내려갑니다. 출발!" 이때 인형이 미끄럼틀을 타는 시간은 비교적 빨리 끝내서 아이가 자기 차례를 너무 오랫동안 기다리지 않도록 한다.

❷ 인형들이 차례대로 미끄럼틀을 탈 때마다 "잘 기다리네!"라고 아이를 칭찬해 주고, 아이 순서가 되었다면 "잘 기다려 줘서 너무 기특해! 이제 네 차례야!"라고 말한다. 차례를 잘 지키는 것에 대해 마음껏 칭찬해 준다. 놀이에 익숙해지면 아이의 참고 기다리는 시간들이 늘어날 수 있도록 인형들의 타는 시간을 조금씩 늘려 보자.

동그라미로 그림 그리기

작은 근육들이 발달하여 간단한 도형을 그릴 수 있다. 간혹 힘들어하는 아이들도 있는데, 그럴 경우에는 억지로 시키지 말아야 한다.

❶ 아이가 그리고 싶은 모양을 자유롭게 그리게 한 뒤 칭찬해 준다. "그림 놀이를 해볼까? 이 중에서 무슨 색깔이 좋아? 와, 분홍색이 좋구나!" "분홍색으로 무엇을 그려 볼까요~" 하며 그려 보게 해 그림의 재미를 느끼게 한다.

❷ 형태에 대한 공부를 하고 있다면 동그라미를 몇 개 그린다. 그중 하나를 가리키면서 "동그라미야. 이건 또 뭐가 될 수 있을까?" 하고 아이의 흥미를 끈 뒤 "해가 될 수도 있지"라고 말한다. 그리고 첫 번째 동그라미 둘레에 햇살이 퍼져 나가는 모양을 그린다. 아이가 이를 따라 다른 동그라미 둘레에 그릴 수 있는지 살펴본다. 만약 못한다면 도와줄 수도 있다. 반드시 "와! 다 그렸다! 정말 해가 나타났네!" 하며 칭찬해 주는 걸 잊지 말자.

❸ 나머지 동그라미들을 활용해서 놀이를 이어 나간다. 예컨대 "이 동그라미
는 무엇이 될 수 있을까? 짠! 풍선이 될 수 있어"라고 말하며 꼬리와 줄을
그려 넣는다. 혹은 "이건 얼굴이 될 수 있지"라고 하며 눈, 코, 입을 그려
넣는다. 그런 다음 그림들을 한 장씩 가리키면서 전부 동그란 형태라는 걸
알려 준다. "해도 동그랗고, 풍선도 동그랗고, 웃는 얼굴도 동그래"

★놀이 플러스

도형을 이해하는 시기가 각각 다르다. 동그라미를 가장 먼저 이해하고, 네모, 세모 순
으로 이해한다.

방울방울 놀이

비눗방울 놀이는 아이의 신체 발달을 촉진하기에 좋은 활동이다. 아이들이 질려 하지 않는 놀이 중 하나이기도 하다.

❶ 비눗방울을 연속으로 불어서 아이가 날아가는 비눗방울을 뒤쫓게 하거나 터뜨리도록 해보자. 잔뜩 불어 주면 매우 좋아한다.

❷ 원하면 아이에게 직접 불어 보게 한다. "비누를 묻히고 후~ 하고 불어봐" "거품이 하늘로 두둥실 날아가네" 하며 비눗방울을 만들고 관찰할 수 있도록 유도한다. 단 비누거품을 빨아들이거나 입에 넣을 수도 있으니 유의해야 한다.

모래와 물이 만나면

신체·언어·정서·표현 발달

모래는 정서를 안정시켜 주고 부드러운 모래의 감촉은 아이의 정서 순화에 도움을 준다.

❶ 손으로 모래를 마음껏 만지고 탐색하게 한다. "모래가 어떤 느낌이지?" "까끌까끌해? 보들보들해?" 하며 모래를 느낄 수 있도록 한다. 모래를 쥐었다 놓았다, 또는 손가락 사이로 흘려 보내 본다.

❷ 각종 모래 놀이 도구를 활용하여 모래를 그릇에 담고 쏟는 활동을 한다. "이제 모래가 가득 찼다!" "비었다. 텅 비었어. 모래를 더 부어야겠다!"처럼 '많다, 적다, 거의 비어 있다' 등의 개념을 가르칠 수 있다.

❸ 모래에 물을 조금씩 부으며 어떻게 변하는지 관찰한다. 물을 부을수록 모래의 상태가 변해 가는 것을 직접 만지고 보는 등 체험할 수 있도록 한다. 이를 통해 '축축하다, 차갑다, 딴딴하다, 질퍽하다' 등의 어휘를 경험할 수 있다.

❹ 추상적인 사고가 활발해지는 만큼 물을 부어 딴딴하게 뭉치는 모래를 이용하여 다양한 사물을 아이와 함께 만들어 보자. 모래로 케이크나 빵 등을 만들어서 접시에 담거나 밥을 지어 먹는 등 가상 놀이도 해볼 수 있다.

예쁜 색을 만들어! 물감 놀이

신체·인지·표현 발달

물감 놀이는 아이의 오감을 자극하고 정서 발달에 도움을 주는데, 물감을 이용해 다양한 놀이들이 가능하다.

❶ 종이컵에 적당량의 물을 붓고 아이가 원하는 색깔의 물감을 골라 짜 넣은 후 물감이 퍼지는 모양을 관찰한다. "어떤 색이 좋아? 파란색? 그래 파란색을 물에 풀어 볼까? 물색이 어떻게 바뀔까~?" 색깔이 골고루 퍼질 수 있도록 아이에게 붓으로 젓게 한다.

❷ 서로 다른 색깔을 물에 푼 뒤, 아이가 원하는 색깔끼리 새로운 종이컵에 섞어 어떤 색깔로 변하는지를 관찰한다. "빨간색이랑 파란색을 섞어 볼까? 어떻게 변할까? 무슨 색이 나올까?"라고 기대를 높이며 섞어 보자. 색을 섞는 과정과 색이 변하는 모습이 아이를 즐겁게 할 것이다. 두 색이 섞여 바뀐 색깔의 이름도 알려 준다.

❸ 아이가 만든 새로운 색깔의 물로 도장 찍기 놀이를 해보자. 크고 작은 종

이컵에 색물을 묻혀 종이 위에 찍어 보게 하자.

물에 물감을 녹여서 색 혼합 놀이를 즐기는 방법도 있지만, 물감끼리 직접 섞어서 관찰해도 좋다. 색이 선명하고 직접 물감을 만질 수 있어 아이들이 흥미로워한다.

인간은 놀이를 즐기고 있을 때
비로소 완벽한 인간이 된다.

Man is the only perfect man to be enjoying this game.

- 프리드리히 실러 -

옮긴이 **박선령**

세종대학교 영어영문학과를 졸업하고 MBC방송문화원 영상번역과정을 수료했다.
현재 출판번역 에이전시 베네트랜스에서 전문 번역가로 활동 중이다.
옮긴 책으로는 『하버드 집중력 혁명』, 『똑똑한 심리학』, 『마음을 움직이는 심리학』,
『부부, 심리학에 길을 묻다』, 『우리 아이 최강인재로 키우기』, 『유대인 부모의 힘』 등이 있다.

엄마, 나는 놀면서 자라요

초판 1쇄 인쇄 2017년 3월 5일 **초판 2쇄 발행** 2018년 2월 20일

지은이 데보라 페인, 몰리 헬트, 린 브레넌, 마리앤 바튼 **옮긴이** 박선령
펴낸이 김종길 **펴낸곳** 글담출판사
책임편집 이경숙 **편집** 박성연 · 이은지 · 이경숙 · 김진희 · 임경단 · 김보라 · 안아람
디자인 정현주 · 박경은 · 손지원 **마케팅** 박용철 · 임우열 **홍보** 윤수연 **관리** 박은영

출판등록 1998년 12월 30일 제2013-000314호
주소 (121-840) 서울시 마포구 양화로 12길 8-6(서교동) 대륭빌딩 4층
전화 (02)998-7030 **팩스** (02)998-7924
이메일 geuldam4u@naver.com **페이스북** www.facebook.com/geuldam4u
블로그 http://blog.naver.com/geuldam4u **인스타그램** geuldam

ISBN 979-11-86650-31-8 13590
책값은 표지에 있습니다. 잘못된 책은 바꾸어 드립니다.

이 도서의 국립중앙도서관 출판시도서목록(CIP)은 e-CIP홈페이지(http://www.nl.go.kr/
ecip)와 국가자료공동목록시스템(http://www.nl.go.kr/kolisnet)에서 이용하실 수 있습니다.
(CIP 제어번호 : CIP2017004221)

글담출판에서는 참신한 발상, 따뜻한 시선을 가진 원고를 기다리고 있습니다. 원고는 글담출판 블
로그와 이메일을 이용해 보내주세요. 여러분의 소중한 경험과 지식을 나누세요.
블로그 http://blog.naver.com/geuldam4u **이메일** geuldam4u@naver.com